建设工程安全生产管理

辅导读本

彭松力　杨碧华　虞　亦◎主　编

U0271094

中国财富出版社

图书在版编目（CIP）数据

建设工程安全生产管理辅导读本/彭松力，杨碧华，虞亦主编 . —北京：中国财富出版社，2019.4

ISBN 978 - 7 - 5047 - 6891 - 9

Ⅰ.①建… Ⅱ.①彭…②杨…③虞… Ⅲ.①建筑工程—安全生产—生产管理 Ⅳ.①TU714

中国版本图书馆 CIP 数据核字（2019）第 070386 号

| 策划编辑 | 李彩琴 | 责任编辑 | 戴海林 陈昱尧 | | |
| 责任印刷 | 尚立业 | 责任校对 | 杨小静 | 责任发行 | 杨 江 |

出版发行	中国财富出版社		
社　　址	北京市丰台区南四环西路 188 号 5 区 20 楼	邮政编码	100070
电　　话	010 - 52227588 转 2048/2028（发行部）	010 - 52227588 转 321（总编室）	
	010 - 52227588 转 100（读者服务部）	010 - 52227588 转 305（质检部）	
网　　址	http://www.cfpress.com.cn		
经　　销	新华书店		
印　　刷	武汉科源印刷设计有限公司		
书　　号	ISBN 978 - 7 - 5047 - 6891 - 9 /TU·0054		
开　　本	710mm×1000mm　1/16	版　　次	2019 年 6 月第 1 版
印　　张	15	印　　次	2019 年 6 月第 1 次印刷
字　　数	223 千字	定　　价	48.00 元

编写委员会成员名单

（以下排名不分先后）

主　编：彭松力　杨碧华　虞　亦

副主编：昝　军　吕树胜　吴杰良　余　斌　左玉华

朱连旺　丁仁志　丁文涛　蒋佑松　喻　梅

李明华　余　华　易　军　黄红兵　何玉清

关良宝　陈　鹏　江发权　周　豪　李新峰

王俊生　石道良　章国平　赵旭荣　任　季

姚德明　庹黎军　刘官清　周　杨　胡　莹

钟生东　杨太力　宋政辉　马景兵　胡仕国

前　言

　　防范安全生产风险是化解重大风险的重要内容，直接关系到广大人民群众的获得感、幸福感、安全感。随着经济社会的迅速发展和全面建设小康社会这个奋斗目标的逐步推进，安全生产工作将出现许多新情况、新问题，面临更加严峻的挑战。在我国大规模的工程建设还会持续相当长的一段时间。据国务院安全生产委员会办公室通报统计，仅2018年上半年，建筑业事故总量持续保持在高位。全国建筑业共发生生产安全事故1732起、死亡1752人，同比分别上升7.8％和1.4％，事故总量已连续9年排在工矿商贸事故第一位，事故起数和死亡人数自2016年起连续"双上升"。其中，事故主要集中在房屋建筑及市政工程领域、交通建设工程和电力建设工程领域。高处坠落和坍塌是建筑业事故主要类型，在一般事故中，高处坠落事故占全部事故总数的48.2％，物体打击事故占13.6％；在较大事故中，坍塌事故占全部事故总数的45.1％。一系列的数据令人触目惊心。安全生产形势依然严峻复杂。安全生产管理任重道远。

　　安全生产只有起点没有终点，只能加强不能放松。本书立足于安全生产管理需要，全面系统地介绍了建设工程安全生产管理、安全生产行政许可、安全生产责任、安全生产培训教育、安全生产防护、事故应急救援、事故调查处理的相关知识及案例分析，并附以习近平总书记、李克强总理关于安全生产的一系列重要讲话、指示批示、重要论述以及相关法律法规条款等。在编写过程中尽量做到内容饱满充实、简明实用。

由于编者水平有限，书中难免存在不足之处，敬请读者批评指正。

编　者
2019 年 4 月

目 录

第一章　安全生产管理概述

第一节　安全生产的定义、本质和基本原则

一、安全生产的定义

所谓"安全生产"，是指在生产经营活动中，为了避免造成人员伤害和财产损失的事故而采取相应的事故预防和控制措施，使生产过程在符合规定的条件下进行，以保证从业人员的人身安全与健康，设备和设施免受损坏，环境免遭破坏，保证生产经营活动得以顺利进行的相关活动。

"安全生产"这个概念，一般意义上讲，是指在社会生产活动中，通过人、机、物料、环境、方法的和谐运作，使生产过程中潜在的各种事故风险和伤害因素始终处于有效控制状态，切实保护劳动者的生命安全和身体健康。也就是说，为了使劳动过程在符合安全要求的物质条件和工作秩序下进行的，防止人身伤亡财产损失等生产事故，消除或控制危险有害因素，保障劳动者的安全健康和设备设施免受损坏、环境免受破坏的一切行为。

安全生产是安全与生产的统一，其宗旨是安全促进生产，生产必须安全。做好安全工作，改善劳动条件，可以调动劳动者的生产积极性；减少劳动者伤亡，可以减少劳动力的损失；减少财产损失，可以增加企

业效益，促进生产的发展。而生产必须安全，则是因为安全是生产的前提条件，没有安全就无法生产。

二、安全生产管理的定义

安全生产管理是指对安全生产工作进行的管理和控制。企业主管部门是企业经济及生产活动的管理机关，按照"管生产同时管理安全"的原则，在组织本部门、本行业的经济和生产工作中，同时也负责安全生产管理。组织督促所属企业事业单位贯彻安全生产方针、政策、法规、标准。根据本部门、本行业的特点制定相应的管理法规和技术法规，并向劳动安全监察部门备案，依法履行自己的管理职能。

三、安全生产的本质

（一）安全生产本质的核心

保护劳动者的生命安全和职业健康是安全生产最根本、最深刻的内涵，是安全生产本质的核心。它充分揭示了安全生产以人为本的导向性和目的性，它是我们党和政府以人为本的执政本质，是以人为本的科学发展观的本质、以人为本构建和谐社会的本质在安全生产领域的鲜明体现。

（二）突出强调了最大限度的保护

所谓最大限度的保护，是指在现实经济社会所能提供的客观条件的基础上，尽最大的努力，采取加强安全生产的一切措施，保护劳动者的生命安全和职业健康。

（三）突出了在生产过程中的保护

生产过程是劳动者进行劳动生产的主要时空，因而也是保护其生命安全和职业健康的主要时空，安全生产的以人为本，具体体现在生产过程中的以人为本。同时，它还从深层次揭示了安全与生产的关系。在劳动者的生命和职业健康面前，生产过程应该是安全地进行生产的过程。安全是生产的前提，贯穿于生产过程的始终。安全和生产发生矛盾，必须是生产服从于安全，安全第一。这种服从，是一种铁律，是对劳动者生命和健康的尊重，是对生产力最主要最活跃因素的尊重。如果不服从、不尊重，生产也将被迫中断。

（四）突出了一定历史条件下的保护

"一定历史条件"是指特定历史时期的社会生产力发展水平和社会文明程度。强调一定历史条件的现实意义在于：一是有助于加强安全生产工作的现实紧迫性。我国是一个正在工业化的发展中大国，经济持续快速发展与安全生产基础薄弱形成了比较突出的矛盾，处在事故的"易发期"，处理不当，就会发生事故甚至重特大事故，对劳动者的生命安全和职业健康造成威胁。做好这一历史阶段的安全生产工作，任务艰巨，时不我待，责任重大。二是有助于明确安全生产的重点行业。由于社会生产力发展不平衡、科学技术应用不平衡、行业自身特点的特殊性，在一定的历史发展阶段必然形成重点的安全生产产业、行业、企业，如煤矿、非交通、建筑施工等行业。这些行业是现阶段的高危行业，工作在这些行业的劳动者，其生命安全和职业健康更应受到重点保护，更应加大这些行业安全生产工作的力度，遏制重特大事故的发生。三是有助于处理好一定历史条件下的保护与最大限度保护的关系。最大限度保护应该是一定历史条件下的最大限度，受一定历史发展阶段的文化、体制、法制、政策、科技、经济实力、劳动者素质等条件的制约，做好安全生产工作离不开这些条件。因此，立足现实条件，充分利用和发挥现实条件，加强安全生产工作，是我们的当务之急。同时，最大限度保护是引力，是需求，是目的，它能够催生、推动现实条件向更高层次、更为先进的历史条件形态转化，从而为不断满足最大限度保护劳动者的生命安全和职业健康这一根本需求提供新的条件、新的手段和新的动力。

四、安全生产基本原则

（一）"以人为本"的原则

要求在生产过程中，必须坚持"以人为本"的原则。在生产与安全的关系中，一切以安全为重，安全必须排在第一位。必须预先分析危险源，预测和评价危险、有害因素，掌握危险出现的规律和变化趋势，采取相应的预防措施，将危险和安全隐患消灭在萌芽状态。

（二）"谁主管、谁负责"的原则

安全生产的重要性要求主管者也必须是责任人，要全面履行安全生产责任。

（三）"管生产必须管安全"的原则

"管生产必须管安全"的原则指工程项目各级领导和全体员工在生产过程中必须坚持在抓生产的同时抓好安全工作，实现安全与生产的统一。生产和安全是一个有机的整体，两者不能分割更不能对立起来，应将安全寓于生产之中。

（四）"安全具有否决权"的原则

"安全具有否决权"的原则指安全生产工作是衡量工程项目管理的一项基本内容，它要求对各项指标考核，评优创先时首先必须考虑安全指标的完成情况。安全指标没有实现，即使其他指标顺利完成，也无法实现项目的最优化，安全具有一票否决的作用。

（五）"三同时"原则

基本建设项目中的职业安全、卫生技术和环境保护等措施和设施，必须与主体工程同时设计、同时施工、同时投产。

（六）"三个同步"原则

安全生产与经济建设、深化改革以及技术改造同步规划、同步发展、同步实施。

（七）"五同时"原则

企业的生产组织及领导者在计划、布置、检查、总结、评比生产工作时，同时计划、布置、检查、总结、评比安全工作。

第二节　安全生产事故的概念、分类、特性及预防

一、安全生产事故的概念

安全生产事故的概念包括以下几方面。

事故是一种发生在人类生产、生活活动中的特殊事件，由于任何系统都存在一定的危险性，因此，人类的生产、生活活动过程中都可能发生事故。

事故是一种迫使正在进行着的生产、生活活动暂时或永久终止的事件。

事故是一种突然发生的、出乎人们预料的意外事件（主观不愿意其发生的）。

事故是由事故隐患、故障、偏差、事故、事故后果等一系列互为因果的事件构成。

要保证安全生产，必须分析风险、控制风险。要控制风险，首先应掌握事故发生、发展规律，其次针对其规律采取相应的措施，方能达到控制事故发生、发展的目的。

二、安全生产事故分类

根据不同划分标准，事故可进行如下分类。

（一）自然事故和人为事故

自然事故是指由自然灾害造成的事故，如地震、洪水、龙卷风等。在目前条件下，自然事故尚不能做到完全预防。人为事故是指由人为因素造成的事故，具有一定的特性和规律，只要掌握了这些特性和规律，事先采取有效措施并加以控制，就可以预防事故的发生，减少其造成的损失。

（二）未遂事故和损伤事故

按事故造成的后果，可划分为未遂事故和损伤事故。

未遂事故是未造成恶果的事故；损伤事故包括人身伤亡事故和非人身伤亡事故（仅造成财产损失）。

（三）责任事故和非责任事故

按事故发生的原因划分，可分为责任事故和非责任事故。

责任事故是指由于管理人员或操作人员在工作中人为失误造成的事故。非责任事故是指生产工艺或装备的固有原因以及自然原因、环境原因等非人为因素造成的事故。

三、安全生产事故的特性

（一）因果性

事故的因果性是指一切事故的发生都是有原因的，这些原因就是潜伏的危险因素。

因果性说明事故的原因是多层次的。有的原因与事故有直接联系，有的则有间接联系，绝不是单一原因造成事故，而是诸多不利因素相互作用形成事故。所以要充分认识所有潜在因素的发展规律，分清主次并加以控制和消除，方能有效预防事故。

事故的因果性还表现在事故从其酝酿到发生发展具有一个演化过程。事故发生之前一般会出现一些可以被人为认识的征兆，人们通过认识这些事故征兆来辨识事故的发展进程，控制事故，最后化险为夷。

（二）偶然性（随机性）

事故的偶然性（随机性）表现在同样的前因事件随时间的进程导致的后果不一定完全相同，也就是说事故发生的时间、地点、事故后果的严重性是偶然的。这说明事故的预防具有一定的难度。

事故的发生服从于统计规律，可用数理统计的方法对事故进行分析，从中找出事故发生、发展的规律，从而认识事故，为预防事故的发生提供依据。因而，事故统计分析对制订正确的预防措施有重要意义。

事故的随机性还说明事故具有必然性。从理论上讲，如果生产中存在危险因素，只要时间足够长，样本足够多，作为随机事件的事故必然会发生。

（三）潜伏性

事故的潜伏性是指事故在尚未发生或还未造成后果时，各种事故征兆是被掩盖的。

事故的潜伏性说明人们认识事故、弄清事故发生的可能性及预防事故存在困难。这要求我们居安思危，防患于未然，重视已发生的事故资料，探索和总结事故发生规律并吸取教训。

（四）海因里希的事故法则

美国安全工程师海因里希在 50 多年前统计了 550000 件机械事故，其中重伤、死亡事故 1666 件，轻伤事故 48334 件，其余则为无伤害事故。从而得出一个重要结论：在机械事故中，重伤、死亡，轻伤和无伤害事故的比例为 1：29：300，国际上把这一法则称作海因里希事故法则。

对于不同的生产过程、不同类型的事故，上述比例关系不一定完全相同，但这个统计规律说明了在进行同一项活动中，多次意外事件必然导致重大伤亡事故的发生。

四、安全生产事故致因理论

（一）事故的因果连锁理论

1. 遗传及社会环境造成人的性格缺点。

2. 人的性格缺点以及缺乏安全知识等先天或后天因素是产生不安全行为或造成物的不安全状态的直接原因。

3. 不安全行为或其造成物的不安全状态是引发事故的直接原因。

（二）轨道交叉论

这种理论认为：人的不安全行为和机械或物质的不安全状态是人-机"两方共系"（即两个方面共存于一个系统）中能量逆流的两系列，其轨迹交叉点就会构成事故。

1. 人的系列

A. 生理遗传、社会环境与管理上的缺陷

B. 后天的心理缺陷（这是由 A 缺陷引起的心理、生理上的缺陷，安全意识低下，缺乏安全知识和安全技能等）

C. 人的不安全行为（由于 A 和 B 而导致不安全行为）

2. 物的系列

A. 设计、制造缺陷

B. 使用、维修和保养过程有缺陷

C. 物的不安全状态

（三）能量（危险物质）转移论

任何生产过程都离不开能量。人们利用能量做功实现生产目的。在正常生产过程中，能量是在受约束和限制的条件下，按照人们的意图进行有序流动，如果能量超越了这些约束和限制，发生了能量外溢，便失去了控制，当能量作用于人体，并且超出了人的承受能力，则会发生人身伤害事故。如危险物质外溢并作用于人体，同样会带来伤亡事故。

能量转移理论认为，可以用屏蔽的方法防止不希望的能量（危险物质）转移。根据这个原理采取相应措施，就可有效控制伤亡事故的发生。

五、预防事故的基本原则

伤亡事故致因理论以及大量事故原因分析结果显示，事故发生主要是由以下三方面原因引起：设备或装置上缺乏安全技术措施，管理上有缺陷，对作业人员安全教育不够。

因此必须从上述三方面采取措施并将三者有机结合、综合利用，才能有效地预防和控制事故的发生和发展。

（一）安全（工程）技术措施

安全（工程）技术措施是指通过工程项目和技术措施实现生产的本质安全化或改善劳动条件提高生产的安全性。安全（工程）技术措施是把安全生产纳入科学管理轨道的重要手段，是有重点、有计划地对生产过程中暴露出来的隐患进行整改的重要方法，是消除生产过程中的不安全因素、防止伤害、改善劳动条件的有力保障。

安全(工程)技术措施是生产本质安全的关键。所谓本质安全度是指设备设施本身所具有的(在投入使用前已具备的)降低危险、避免或减少事故损失的能力和程度。要提高本质安全度就要做到人和危险隔离、降低故障和失误带来的危害。

安全(工程)技术措施主要包括以下方面：

1. 预防事故发生的措施，如防护装置、保险装置、信号装置等。

2. 工业卫生技术的措施，如防尘、防噪措施等。

3. 预防火险发生的措施，如火灾报警、消烟系统等。

4. 应急疏散的措施，如应急通道、应急广播等。

(二)安全(工程)技术措施遵循的原则

1. 消除潜在危险的原则。

2. 降低潜在危险因素数值的原则。

3. 冗余性原则，通过多重保险、后援系统等措施，提高系统的安全系数，增加安全余量。

4. 闭锁(联锁)原则，通过联锁装置，终止危险进行。

5. 能量屏蔽原则，如建筑高空作业安全网。

6. 距离防护原则，如安全距离。

7. 时间防护原则，使人暴露于危险环境的时间缩短。

8. 薄弱环节原则，用局部的损失换取系统安全，如泄爆等。

9. 坚固性原则。

10. 个体防护原则。

11. 代替作业人员原则。

12. 警告和禁止信息原则。

(三)安全教育

安全教育是对企业各级领导、管理人员以及操作工人进行的安全思想政治教育和安全技术知识教育，是提高职工安全意识和安全技术素质的重要手段。

安全思想政治教育内容包括国家有关安全生产、劳动保护的方针政策和法律法规。目的是提高相关人员的安全意识、政策水平和法制观念。

安全技术知识教育内容包括一般生产技术知识、一般安全技术知识和专业安全生产技术知识。

安全教育的形式应以课堂教育和现场培训、实习为主，同时采取其他形式，形成一种文化氛围。

（四）安全管理

管理是创造一种环境和条件，使置身其中的人们能进行协调的工作，从而完成预定的使命和目标。安全管理是通过制定和监督实施有关安全法律、规章、标准和制度等来规范人们在生产活动中的行为准则，从而达到保护职工在劳动中的安全和健康的目的。

在充分借鉴工业发达国家经验及不断总结原有工作体制的基础上，国家有关部门逐步将建立规范的安全评价、行政许可和职业安全健康管理体系认证制度以及安全生产标准化分级工作作为管理我国企业安全生产的重要手段。

（五）"三 E"措施

"三 E"，即 Engineering（技术）、Education（教育）、Enforcement（管理），"三 E"措施是指采用安全技术、安全教育、安全管理的措施。

技术措施是提高工艺过程、机械设备的本质安全性，即当人出现操作失误时，设备本身的安全防护系统能自动调节和处理，以保护设备和人身的安全，所以技术措施是预防事故最根本的措施。

教育措施是人们提高安全素质，掌握安全技术知识、操作技能和安全管理方法的手段。没有安全教育就谈不上采取安全技术措施和安全管理措施。

管理措施可以保证人们按照一定的方式从事工作，并为采取安全技术措施提供依据和方案，同时还要对安全防护设施加强维护保养，保证其性能正常，否则，再先进的安全技术措施也不能发挥有效作用。

所以，技术、教育、管理三方面措施是相辅相成的，必须同时进行，缺一不可，是防止事故的三根支柱。

但是，各企业的事故千差万别，并没有放之四海而皆准的"三 E"措施。所以我们必须针对具体企业的具体危害和风险，有针对性地采取"三 E"措施，也只有如此，才能达到预防事故和减小事故灾害的目的。

第三节　安全生产危害辨识

一、安全生产危害

安全生产危害主要指危险因素、危险源。它是可能造成人员伤害、职业病、财产损失、作业环境破坏或其组合的根源或状态。

根据危害在事故发生、发展过程中的作用，可分为两类。

（一）第一类危害

根据能量转移论，生产过程中存在的、可能发生意外释放的能量或危险物质称作第一类危害。常见的第一类危害包括以下几种。

1. 产生、供给能量的装置、设备。

2. 使人体或物体具有较高势能的装置、设备、场所。

3. 能量载体。

4. 一旦失控可能产生巨大能量的装置、设备、场所，如强烈放热反应的化工装置等。

5. 危险物质，如各种有毒、有害、易燃易爆物质等。

（二）第二类危害

导致约束、限制能量的措施失效或破坏的各种不安全因素称作第二类危害，主要包括人、物、环境三个方面的因素。

1. 人的因素是人的失误，即人的行为偏离了预定的标准。人的失误可能直接破坏对第一类危害的控制，造成能量或危险物质意外释放，例如，合错了开关使检修中的线路带电；误开阀门使有害气体泄放等。人的失误也可能造成物的故障，进而导致事故。

2. 物的因素通常是物的故障，即由于性能低下不能实现预定功能的现象，物的不安全状态就是一种物的故障。物的故障可能直接使约束、限制能量或危险物质的措施失效从而发生事故，也可能导致另一种物的故障或人的失误。

3. 环境因素主要指系统运行的客观环境，包括温度、湿度、照明、粉尘、通风换气、噪声和振动等物理环境。

第二类危害往往是围绕第一类危害而随机发生的现象，它们出现的情况影响着事故发生的可能性。

一起事故的发生常常是第一类危害和第二类危害共同作用的结果，第一类危害是事故发生的主体，决定事故后果的严重程度；第二类危害是第一类危害造成事故的必要条件，决定了事故发生的可能性。两类危害互相关联、互相依存。

二、安全生产危害辨识

安全生产危害辨识是确认危害的存在并确定其特性的过程，即找出可能引发事故导致不良后果的材料、系统、生产过程或工厂的特征。因此，安全生产危害辨识有两个关键任务：识别可能存在的危险因素，辨识可能发生的事故后果。

（一）识别可能存在的危险因素

对危害（危险因素）分类是为了便于进行危险因素的辨识和分析，危险因素的分类方法有很多，可以按照导致事故和职业病的原因进行分类或按照事故类别和职业病类别进行分类等。

如根据 GB/T 13861—2009《生产过程危险和有害因素分类与代码》的规定，将生产过程中的危险因素分为四类：人的因素、物的因素、管理因素、环境因素。

（二）辨识可能发生的事故后果

安全生产危害辨识的第二个任务即辨识可能发生的事故的后果，确定可能发生事故的类别。

根据工伤事故的起因及人员在事故中遭受的伤害形式，国标GB/T 6441—1986《企业职工伤亡事故分类标准》将生产过程中的事故分为二十类：物体打击；车辆伤害；机械伤害；起重伤害；触电；灼烫；淹溺；火灾；高处坠落；坍塌；冒顶片帮；透水；放炮；火药爆炸；瓦斯爆炸；锅炉爆炸；容器爆炸；其他爆炸；中毒和窒息；其他伤害。职业病的分类则在《职业病范围和职业病患者处理办法的规定》中有详细规定。

三、安全生产危害辨识方法

（一）材料性质和生产条件分析法

了解生产或使用的材料性质是安全生产危害辨识的基础，常用的材料性质有：毒性、生物退化性、气味阈值、物理性质、化学性质、稳定性、燃烧性及爆炸性等。

初始危害辨识可通过简单比较材料性质来进行，如对火灾，只要辨识出易燃和可燃材料，就可将它们分为相应类型的火灾危害再进行进一步的评价。生产条件也会造成危险或加剧生产过程中材料的危险性。例如，水就其性质来说没有爆炸危险性，然而，如果生产工艺的温度和压力超过了沸点，则存在蒸汽爆炸的危险。

（二）危险评价方法

很多危险评价方法可用于危害辨识，如安全检查表，"如果-怎么办"分析，危险可操作性研究等。

安全检查表采取问答形式，逐项检查材料、生产过程、生产条件、安全管理等方面存在的危险因素。安全检查表应用广泛，如果分析人员具有丰富的经验，安全检查表是一种有效的危害辨识方法。其缺点是不能预知潜在的危害且内容冗长，使得分析工作烦琐。

第四节　安全生产风险评价

一、安全生产风险(危险)评价及其分类

安全生产风险(危险)评价也称危险评价或安全评价，是对系统存在的危险性进行定性和定量分析，得出系统发生事故的可能性及其严重程度，提出合理可行的安全对策措施，以寻求最低事故率、最小损失和最优的安全投资效益。

安全生产风险评价目的是查找、分析并预测工程、系统中存在的危险、有害因素及危险、危害程度，提出合理可行的安全对策措施，指导危险源监控和事故预防，以达到最低事故率、最少损失和最优的安全投资效益。

根据工程、系统生命周期和评价的目的，安全生产风险评价分为安全预评价、安全验收评价、安全现状综合评价、专项安全评价。

二、安全生产风险评价方法简介

(一)安全检查表

为了找出系统中的不安全因素，需要对系统加以剖析，查出各层次的不安全因素，然后确定检查项目，以提问的方式把检查项目按系统的组成顺序编制成表，以便进行检查或评审，这种表就叫安全检查表。

安全检查表出现于 20 世纪 20 年代，是传统安全工作行之已久的办法，形式很多，可用于系统安全性工作计划的检查、设计评审、使用前或使用中的安全性检查等。

(二)初步危险分析

初步危险分析 PHA(Preliminary Hazard Analysis)也称预先危险分析，是在每项生产活动之前，特别是在设计开始阶段，首先对系统存在的危险类别、出现条件、事故后果等概率进行分析，尽可能把潜在的危

险性分析清楚。

因此，初步危险分析是一份对系统安全危害的分析初步或初始的计划，是在方案开发初期阶段或设计阶段需要完成的。

（三）作业条件危险性分析

作业条件危险性分析是一种简单易行的、评价人们在具有潜在危险环境中作业时对危险性半定量的评价方法。它是由美国的 K.J. 格雷厄莫和 G.F. 金尼提出的。它是用与系统风险率有关的三种因素指标值之积来评价系统人员伤亡风险大小的，这三种因素具体为以下内容。

L——发生事故的可能性。

E——人体暴露在这种危险环境中的频繁程度。

C——一旦发生事故会造成的损失后果。

此外，尚有事故树分析法、火灾爆炸指数法等，在此不一一介绍。

第二章　建设工程安全生产管理现状

近年来，我国建设企业认真贯彻"安全第一、预防为主、综合治理"的安全生产方针，积极落实施工安全生产责任制，不断提高安全生产水平，积累了丰富的施工安全生产管理经验；同时，我国政府在施工安全管理方面也做了大量的工作，施工安全生产管理水平有了显著的提高。然而，我国建筑业近年来的事故率依然居高不下，安全事故时有发生，给国家、社会和人民群众的生命财产造成了难以弥补的损失。故在谋求经济与社会发展的过程中，加强对建筑施工安全生产管理工作是非常必要的。

第一节　建筑施工安全生产的特点

一、施工活动空间狭小使不安全因素增多

建筑产品的固定性造成在有限的场地和空间内集中了大量的人力、材料和机具，当场地窄小时，由于多层次的主体交叉作业，很容易造成物体打击等伤害事故。同时，建筑物体积庞大，外部形体形式多样，安全管理办法和安全防护措施需根据工程类型和进度发展做调整。

二、建设工程的流水施工作业，使得作业人员经常更换工作地点和环境

建设工程的作业场所和工作内容是动态的、不断变化的。随着工程进展，作业人员所面对的工作环境、作业条件、施工技术等不断发生变化，这些变化给施工企业带来很大的安全风险。

三、施工企业与项目部分离，使安全措施不能得到充分的落实

一个施工企业往往同时承担多个项目的施工作业，企业与项目部通常是分离状态。这种分离使得安全管理工作在多数情况下由项目部承担。但是，由于项目的临时性和建筑市场竞争的日趋激烈，企业经济压力也相应增大，企业的安全措施往往被忽视。

四、施工现场存在的不安全因素复杂多变

施工的高能耗，施工作业的高强度，施工现场的噪声、热量、有害气体和尘土，生产规模较大且从事高空作业的工作较多，以及工人经常露天作业受天气、温度影响较大，这些都是工人经常面对的不利工作环境和负荷。

五、施工作业的非标准化使得施工现场危险因素增多

工程的建设需要多方参与，需要参与企业具备多种专业技术知识；建筑企业数量多，其技术水平、人员素质、技术装备、资金实力参差不齐。这些使得安全生产管理的难度增加，管理层级多，管理关系复杂。

在具体的施工作业活动中有效地进行安全生产行为管理，是施工企业降低安全事故发生概率，提高安全管理水平的直接有效的方法。

第二节　建筑施工安全生产存在的问题

一、不规范的市场环境，阻滞了安全生产水平的提高

工程建设市场环境与安全生产的关系十分紧密，许多不规范的市场行为是引发安全事故的潜在因素。

当前工程建设市场中存在的垫资、拖欠工程款、肢解工程和非法挂靠、违法分包等行为，行业管理部门在查处力度上还难以达到理想的效果，这些行为还没有得到有效的遏制，市场监管缺乏行之有效的措施和手段。不良的市场环境势必影响安全生产管理，主要表现在一些安全生产制度、管理措施难以在施工现场落实，安全生产责任制形同虚设，总承包企业与分承包企业(尤其是业主方指定的分包商)在现场管理上缺乏相互配合合作的机制，这些都给安全生产留下隐患和难以预测的后果。

二、对安全重视程度不够

第一，安全管理人员数量不足。第二，安全管理人员整体素质不高。第三，建筑施工企业内部安全投入不足，在安全上少投入成为企业挖掘利润的一种变相手段，安全自查、自控工作形式化。第四，企业安全检查工作形同虚设，建筑企业过分依赖监督机构和监理单位，安全工作在很大程度上就是为了应付上级检查。没有形成严格明确细化的过程安全控制，全过程安全控制运行体系无法得到有效运行。

三、主体安全责任未落实到位

在现有股份制企业下，许多项目经理实质上是项目利润的主要受益人，有时项目经理比企业更加追逐利润，更加忽视安全。造成安全生产投入严重不足，安全培训教育流于形式，施工现场管理混乱，安全防护不符合标准要求，未能建立真正有效运转的安全生产保证体系。一些建

设单位，包括有些政府投资工程的建设单位，未能真正重视和履行法定的安全责任，任意压缩合理工期，忽视安全生产管理。

四、作业人员稳定性差、流动性大、生产技能和自我防护意识薄弱

近年来，越来越多的农村富余劳动力进城务工，施工现场是这些务工者主要选择场所。由于体制上的不完善和管理上的滞后，大量既没有进行劳动技能培训又缺乏施工现场安全教育的务工者上岗后，对现场的不安全因素一无所知，对安全生产的重要性没有足够认识、缺乏规范作业的知识，这是造成安全事故的重要原因。

五、保障安全生产的各个环境要素不完善

企业之间恶性竞争，低价中标，违法分包、非法转包、无资质单位挂靠、以包代管现象突出；建设行业生产力水平偏低，技术装备水平较落后，科技进步在推动工程建设安全生产形势好转方面的作用还没有充分体现出来。

第三节 建筑施工安全生产对策

当前建设工程市场逐步规范，建设工程安全生产的有效管理模式正在完善。针对施工安全生产管理工作中暴露出的问题，如何做好依法监督、长效管理，企业除了要继续加强安全管理工作外，还要从源头做起，解决施工安全生产工作中存在的问题。

一、坚持安全生产方针，落实安全生产责任制

要做好安全生产工作，减少事故的发生，就必须做到：坚持"安全第一、预防为主、综合治理"方针，树立"以人为本"思想，不断提高安全生产素质。在安全生产中要严格落实安全生产责任制，一是明确具体

的安全生产要求；二是明确具体的安全生产程序；三是明确具体的安全生产管理人员，责任落实到人；四是明确具体的安全生产培训要求；五是明确具体的安全生产责任。同时应建立安全生产责任制的考核办法，通过考核，奖优罚劣，提高全体从业人员执行安全生产责任制的自觉性，使安全生产责任制的执行得到巩固，从源头上消除事故隐患，从制度上预防安全事故的发生。

二、强化对安全生产工作的行政监督

建设行政主管部门及质量安全监督机构在办理质量安全监督登记及施工许可证时应按照中标承诺中人员保证体系进行登记把关。

工程建设参与各方主体应重点监督施工现场是否建立健全上述保证体系，保证体系是否有效运行，是否具备可改动机制。工程建设参与各方安全责任是否落实，施工企业各有关人员安全责任是否履行，如发现违法违规、不履行安全责任等行为，坚决处罚，做到有法可依、有法必依、执法必严、违法必究。对安全通病问题实行专项整治。充分发挥项目负责人主观能动性；推行项目负责人安全扣分制；超过分值，进行强制培训，降低项目负责人资格等级，直至取消项目负责人执业资格。处罚企业的同时需处罚项目负责人；政府对企业上交罚款情况定期汇总公示；通报批评企业与工程的同时，也要通报批评项目负责人甚至总监理工程师。

三、从整顿工程建设市场行为着手，规范工程建设各方的市场行为

从招标投标入口把关，采取各种措施，保证建设资金的落实。同时，对施工成本制订一个可操作性的规定，正确界定合理成本价，避免无序竞争。在建设项目开工前，提取合适比例的工程款作为"开办费"，列为安全生产的专项费用，专款专用，不得作为工程开办优惠条件和挪作他用，由现场监理和业主共同负责监管。加大建设单位安全生产责任制的

追究力度，明确其不良行为在安全事故中的连带责任，抑制目前存在的建设单位要求施工企业垫资、拖欠工程款、肢解工程项目发包等不良行为，杜绝不顾科学生产程序，一味追求施工进度等现象的发生。

四、加强监理的工程安全职责

工程监理单位应当按照法律、法规和工程建设强制性标准实施监理，并对建设工程安全生产承担监理责任，实现安全监理、监督互补，彻底解决监管不力和缺位问题。细化监理安全责任，并在审查施工企业相关资格、安全生产保证体系、文明措施费使用计划、现场防护、安全技术措施、严格检查危险性较大工程作业情况、督促整改安全隐患等方面充分发挥监理企业的监管作用。整合现有质量监督人员力量兼管安全，形成质量安全监督一体化；监理单位在对施工质量进行控制的基础上，接受业主委托，拓展到对施工安全的控制，形成安全生产真正的全过程、全天候实时监控。

五、加强企业安全文化建设，提高员工的安全生产素质

长期以来，我国安全生产工作的重点主要放在国有企业，随着改革开放的深入和经济的快速发展，施工企业的经济成分和投资主体日趋多元化。而目前不少施工企业安全文化建设还比较落后，要加强企业自身文化建设，重视安全生产，不断学习行业的先进管理经验，加大对安全管理的人力和物力的投入，加大教育和培训力度，提高安全管理人员的水平，增强操作人员自我安全防护意识和操作技能。从而提高行业的安全管理水平。

六、采取各种措施，提高建筑施工一线工人的安全意识

针对务工人员文化素质低、安全意识差、缺乏自我防护意识等现状，充分利用民工学校等教学资源，对建筑工人的建筑工程基础知识、

安全基本要求进行强制性培训；鼓励技术工人参加技术等级培训，提高职业技能水平；通过劳务服务中心，规范劳务承发包行为，杜绝闲散零星劳动力上门推销或无合同上岗现象；大力组建多工种、多专业劳务分包企业，使建筑企业结构分类更趋合理，真正形成总承包、专业分包、劳务分包三级分工模式。项目部可定期开展经常性施工事故实例讲解，消除安全技术管理人员或班组长的"成功经验"误导；加强对安全储备必要性的充分认识，使"要求人人安全"转变为"人人要求安全"的自觉行为。

第三章 建设工程安全生产许可、责任及培训教育

第一节 建设工程安全生产许可概述

一、施工安全生产许可证制度

《中华人民共和国行政许可法》(以下简称行政许可法)规定，下列事项可以设定行政许可：直接涉及国家安全、公共安全、经济宏观调控、生态环境保护以及直接关系人身健康、生命财产安全等特定活动，需要按照法定条件予以批准的事项。

《安全生产许可证条例》规定：国家对矿山企业、建筑施工企业和危险化学品、烟花爆竹、民用爆破器材品生产企业(以下统称企业)实行安全生产许可制度。企业未取得安全生产许可证的，不得从事生产活动。省、自治区、直辖市人民政府建设主管部门负责建筑施工企业安全生产许可证的颁发和管理，并接受国务院建设主管部门的指导和监督。

建筑施工企业，是指从事土木工程、建筑工程、线路管道和设备安装工程及装修工程的新建、扩建、改建和拆除等有关活动的企业。

二、申请领取安全生产许可证的条件

《安全生产许可证条例》规定了相关申请领取措施，结合建筑施工企

业特点，《建筑施工企业安全生产许可证管理规定》要求建筑施工企业取得安全生产许可证，应当具备下列安全生产条件：

（一）建立、健全安全责任制，制定完备的安全生产规章制度和操作规程。

（二）保证本单位安全生产条件所需资金的投入。

（三）设置安全生产管理机构，按照国家有关规定配备专职安全生产管理人员。

（四）主要负责人、项目负责人、专职安全生产管理人员经建设部门或有关行政部门考核合格。

（五）特种作业人员经业务主管部门考核合格，取得资格证书。

（六）管理人员和作业人员每年至少一次培训和考核。

（七）依法参加工伤保险、依法为现场危险作业人员办理意外伤害险、为从业人员交纳保险费。

（八）施工现场的办公、生活区及作业场所和安全防护用具、机械设备、施工机具及配件符合有关安全生产法律、法规、标准和规程要求。

（九）有职业危害防治措施，并为作业人员配备符合国家标准或者行业标准的安全防护用具和安全防护服装。

（十）有对危险性较大的分部分项工程及施工现场易发生重大事故的部位、环节的预防、监控和应急预案。

（十一）有生产安全事故应急救援预案，应急救援组织或者应急救援人员，配备必要的应急救援器材、设备。

（十二）法律、法规规定的其他条件。

三、安全生产许可证的有效期和政府监管的规定

《安全生产许可证条例》规定：安全生产许可证的有效期为3年。安全生产许可证有效期满需要延期的，企业应当于期满前3个月向原安全生产许可证颁发管理机关办理延期手续。企业在安全生产许可证有效期内，严格遵守有关安全生产的法律法规，未发生死亡事故的，安全生产

许可证有效期届满时，经原安全生产许可证颁发管理机关同意，不再审查，安全生产许可证有效期延期3年。

《建筑施工企业安全生产许可证管理规定》规定：建筑施工企业变更名称、地址、法定代表人等，应当在变更后10日内，到原安全生产许可证颁发管理机关办理安全生产许可证变更手续。建筑施工企业破产、倒闭、撤销的，应当将安全生产许可证交回原安全生产许可证颁发管理机关予以注销。

四、违法行为应承担的法律责任

根据《建筑施工企业安全生产许可证管理规定》：

（一）未取得安全生产许可证擅自从事施工活动应承担的法律责任

建筑施工企业未取得安全生产许可证擅自从事建筑施工活动的，责令其在建项目停止施工，没收违法所得，并处10万元以上50万元以下的罚款；造成重大安全事故或者其他严重后果，构成犯罪的，依法追究刑事责任。

（二）安全生产许可证有效期满未办理延期手续继续从事施工活动应承担的法律责任

安全生产许可证有效期满未办理延期手续，继续从事建筑施工活动的，责令其在建项目停止施工，限期补办延期手续，没收违法所得，并处5万元以上10万元以下的罚款；逾期仍不办理延期手续，继续从事建筑施工活动的，依照未取得安全生产许可证擅自从事建筑施工活动的规定处罚。

（三）转让安全生产许可证等应承担的法律责任

建筑施工企业转让安全生产许可证的，没收违法所得，处10万元以上50万元以下的罚款，并吊销安全生产许可证；构成犯罪的，依法追究刑事责任；接受转让的，依照未取得安全生产许可证擅自从事建筑施工活动的规定处罚。冒用安全生产许可证或者使用伪造的安全生产许可证的，依照未取得安全生产许可证擅自从事建筑施工活动的规定处罚。

（四）以不正当手段取得安全生产许可证的建筑施工企业应承担的法律责任

建筑施工企业隐瞒有关情况或者提供虚假材料申请安全生产许可证的，不予受理或者不予颁发安全生产许可证，并给予警告，一年内不得申请安全生产许可证。

建筑施工企业以欺骗、贿赂等不正当手段取得安全生产许可证的，撤销安全生产许可证，三年内不得再次申请安全生产许可证；构成犯罪的，依法追究刑事责任。

（五）关于暂扣安全生产许可证并限期整改的规定

取得安全生产许可证的建筑施工企业，发生重大安全事故的，暂扣安全生产许可证并限期整改。

建筑施工企业不再具备安全生产条件的，暂扣安全生产许可证并限期整改；情节严重的，吊销安全生产许可证。

第二节　施工单位安全生产责任

施工单位应当建立健全安全生产责任制度和安全生产教育培训制度，制定安全生产规章制度和操作规程，保证本单位安全生产条件所需资金的投入，对所承担的建设工程进行定期和专项安全检查，并做好安全检查记录。

一、生产经营单位的主要负责人对本单位安全生产工作职责

根据《中华人民共和国安全生产法》规定，生产经营单位的主要负责人对本单位安全生产工作负有下列职责：

（一）建立、健全本单位安全生产责任制。

（二）组织制定本单位安全生产规章制度和操作规程。

（三）组织制定并实施本单位安全生产教育和培训计划。

（四）保证本单位安全生产投入的有效实施。

（五）督促、检查本单位的安全生产工作，及时消除生产安全事故隐患。

（六）组织制定并实施本单位的生产安全事故应急救援预案。

（七）及时、如实报告生产安全事故。

二、建筑施工企业安全生产管理机构专职安全生产管理人员的配备要求

建筑施工企业安全生产管理机构专职安全生产管理人员的配备应满足下列要求，并应根据企业经营规模、设备管理和生产需要予以增加。

（一）建筑施工总承包资质序列企业：特级资质不少于6人；一级资质不少于4人；二级和二级以下资质企业不少于3人。

（二）建筑施工专业承包资质序列企业：一级资质不少于3人；二级和二级以下资质企业不少于2人。

（三）建筑施工劳务分包资质序列企业：不少于2人。

（四）建筑施工企业的分公司、区域公司等较大的分支机构应依据实际生产情况配备不少于2人的专职安全生产管理人员。

三、项目专职安全生产管理人员职责

（一）负责施工现场安全生产日常检查并做好检查记录。

（二）现场监督危险性较大的工程安全专项施工方案实施情况。

（三）对作业人员违规违章行为有权予以纠正或查处。

（四）发现施工现场存在的安全隐患有权责令立即整改。

（五）对于发现的重大安全隐患，有权向企业安全生产管理机构报告。

（六）依法报告生产安全事故情况。

四、总承包单位配备项目专职安全生产管理人员要求

(一)建筑工程、装修工程按照建筑面积配备。

1.1万平方米以下的工程不少于1人。

2.1万~5万平方米的工程不少于2人。

3.5万平方米及以上的工程不少于3人,且按专业配备专职安全生产管理人员。

(二)土木工程、线路管道、设备安装工程按照工程合同价配备:

1.5000万元以下的工程不少于1人。

2.5000万~1亿元的工程不少于2人。

3.1亿元及以上的工程不少于3人,且按专业配备专职安全生产管理人员。

五、分包单位配备项目专职安全生产管理人员应当满足下列要求

(一)专业承包单位应当配置至少1人,并根据所承担的分部分项工程的工程量和施工危险程度增加。

(二)劳务分包单位施工人员在50人以下的,应当配备1名专职安全生产管理人员;50~200人的,应当配备2名专职安全生产管理人员;200人及以上的,应当配备3名及以上专职安全生产管理人员,并根据所承担的分部分项工程施工危险实际情况增加,不得少于工程施工人员总人数的5%。

六、施工项目负责人的安全生产责任

施工项目负责人的安全生产责任主要是:

(一)对建设工程项目的安全施工负责。

(二)落实安全生产责任制度、安全生产规章制度和操作规程。

(三)确保安全生产费用的有效使用。

（四）根据工程的特点组织制定安全施工措施，消除安全事故隐患。

（五）及时、如实报告生产安全事故情况。

七、施工总承包和分包单位的安全生产责任

《中华人民共和国建筑法》（以下简称建筑法）规定，施工现场安全由建筑施工企业负责。实行施工总承包的，由总承包单位负责。分包单位向总承包单位负责，服从总承包单位对施工现场的安全生产管理。

总承包单位应当承担的法定安全生产责任：

（一）分包合同应当明确总分包双方的安全生产责任。

（二）统一组织编制建设工程生产安全应急救援预案。

（三）负责上报施工生产安全事故。

（四）自行完成建设工程主体结构的施工。

（五）承担连带责任。

八、施工作业人员安全生产的权利和义务

（一）施工作业人员依法享有的安全生产保障权利

1. 施工安全生产的知情权和建议权。

2. 施工安全防护用品的获得权。

3. 批评、检举、控告权及拒绝违章指挥权。

4. 紧急避险权。

5. 获得工伤保险和意外伤害保险赔偿的权利。

6. 请求民事赔偿权。

7. 依靠工会维权和被派遣劳动者的权利。

（二）施工作业人员应当履行的安全生产义务

1. 守法遵章和正确使用安全防护用具等的义务。

2. 接受安全生产教育培训的义务。

3. 施工安全事故隐患报告的义务。

4. 被派遣劳动者的义务。

九、施工单位违法行为应承担的法律责任

施工单位有下列行为之一的，责令限期改正；逾期未改正的，责令停业整顿，依照《中华人民共和国安全生产法》的有关规定处以罚款；造成重大安全事故，构成犯罪的，对直接责任人员，依照刑法有关规定追究刑事责任：

（一）未设立安全生产管理机构、配备专职安全生产管理人员或者分部分项工程施工时无专职安全生产管理人员现场监督的。

（二）施工单位的主要负责人、项目负责人、专职安全生产管理人员、作业人员或者特种作业人员，未经安全教育培训或者经考核不合格即从事相关工作的。

（三）未在施工现场的危险部位设置明显的安全警示标志，或者未按照国家有关规定在施工现场设置消防通道、消防水源、配备消防设施和灭火器材的。

（四）未向作业人员提供安全防护用具和安全防护服装的。

（五）未按照规定在施工起重机械和整体提升脚手架、模板等自升式架设设施验收合格后登记的。

（六）使用国家明令淘汰、禁止使用的危及施工安全的工艺、设备、材料的。

刑法第一百三十四条规定，建设单位、设计单位、施工单位、工程监理单位违反国家规定，降低工程质量标准，造成重大安全事故的，对直接责任人员，处五年以下有期徒刑或者拘役，并处罚金；后果特别严重的，处五年以上十年以下有期徒刑，并处罚金。

十、施工管理人员违法行为应承担的法律责任

《建设工程安全生产管理条例》规定，施工单位的主要负责人、项目负责人未履行安全生产管理职责的，责令限期改正；逾期未改正的，责令施工单位停业整顿；造成重大安全事故、重大伤亡事故或者其他严重

后果，构成犯罪的，依照刑法有关规定追究刑事责任。

施工单位的主要负责人、项目负责人有以上违法行为，尚未构成刑事处罚的，处2万元以上20万元以下的罚款或者按照管理权限给予撤职处分；自刑罚执行完毕或者受处分之日起，五年内不得担任任何施工单位的主要负责人、项目负责人。

注册执业人员未执行法律、法规和工程建设强制性标准的，责令停止执业三个月以上一年以下；情节严重的，吊销执业资格证书，五年内不予注册；造成重大安全事故的，终身不予注册；构成犯罪的，依照刑法有关规定追究刑事责任。

刑法第一百三十四条规定，强令他人违章冒险作业，因而发生重大伤亡事故或者造成其他严重后果的，处五年以下有期徒刑或者拘役；情节特别恶劣的，处五年以上有期徒刑。

刑法第一百三十五条规定，安全生产设施或者安全生产条件不符合国家规定，因而发生重大伤亡事故或者造成其他严重后果的，对直接负责的主管人员和其他直接责任人员，处三年以下有期徒刑或者拘役；情节特别恶劣的，处三年以上七年以下有期徒刑。

十一、施工作业人员违法行为应承担的法律责任

《建设工程安全生产管理条例》规定，作业人员不服管理、违反规章制度和操作规程冒险作业造成重大伤亡事故或者其他严重后果，构成犯罪的，依照刑法有关规定追究刑事责任。

刑法第一百三十四条规定，在生产、作业中违反有关安全管理的规定，因而发生重大伤亡事故或者造成其他严重后果的，处三年以下有期徒刑或者拘役；情节特别恶劣的，处三年以上七年以下有期徒刑。

第三节　建设单位相关的安全责任

《建设工程安全生产管理条例》规定，建设单位、勘察单位、设计单

位、施工单位、工程监理单位及其他与建设工程安全生产有关的单位，必须遵守安全生产法律、法规的规定，保证建设工程安全生产，依法承担建设工程安全生产责任。

这是因为，建设工程安全生产的重点是施工现场，其主要责任单位是施工单位，但与施工活动密切相关单位的活动也都影响着施工安全。因此，有必要对所有与建设工程施工活动有关的单位的安全责任作出明确规定。

建设单位是建设工程项目的投资主体或管理主体，在整个工程建设中居于主导地位。但长期以来，我国对建设单位的工程项目管理行为缺乏必要的法律约束，对其安全管理责任更没有明确规定，由于建设单位的某些工程项目管理行为不规范，直接或者间接导致施工生产安全事故的发生。为此，《建设工程安全生产管理条例》中明确规定，建设单位必须遵守安全生产法律、法规的规定，保证建设工程安全生产，依法承担建设工程安全生产责任。

一、依法办理有关批准手续

《中华人民共和国建筑法》规定，有下列情形之一的，建设单位应当按照国家有关规定办理申请批准手续：

（一）需要临时占用规划批准范围以外场地的。

（二）可能损坏道路、管线、电力、邮电通信等公共设施的。

（三）需要临时停水、停电、中断道路交通的。

（四）需要进行爆破作业的。

（五）法律、法规规定需要办理报批手续的其他情形。

这是因为，上述活动不仅涉及工程建设的顺利进行和施工现场作业人员的安全，也影响到周边区域人们的安全或正常的工作生活，并需要有关方面给予支持和配合。为此，建设单位应当依法向有关部门申请办理批准手续。

二、向施工单位提供真实、准确和完整的有关资料

建筑法规定，建设单位应当向建筑施工企业提供与施工现场相关的地下管线资料，建筑施工企业应当采取措施加以保护。

《建设工程安全生产管理条例》进一步规定，建设单位应当向施工单位提供施工现场及毗邻区域内供水、排水、供电、供气、供热、通信、广播电视等地下管线资料，气象和水文观测资料，相邻建筑物和构筑物、地下工程的有关资料，并保证资料的真实、准确、完整。

在建设工程施工前，施工单位须搞清楚施工现场及毗邻区域内地下管线，以及相邻建筑物、构筑物和地下工程的有关资料，否则很有可能因施工而对其造成破坏，不仅会导致人员伤亡和经济损失，还会影响周边地区单位和居民的工作与生活。同时，建设工程的施工周期往往比较长，又多是露天作业，受气候条件的影响较大，建设单位还应当提供有关的气象和水文观测资料，并且须保证所提供资料的真实、准确，能够满足施工安全作业的需要。

三、不得提出违法要求和随意压缩合同工期

《建设工程安全生产管理条例》规定，建设单位不得对勘察、设计、施工、工程监理等单位提出不符合建设工程安全生产法律、法规和强制性标准规定的要求，不得压缩合同约定的工期。

由于市场竞争相当激烈，一些勘察、设计、施工、工程监理单位为了承揽业务，往往对建设单位提出的各种要求尽量给予满足，这就造成某些建设单位为了追求利益最大化而提出一些非法要求，甚至明示或者暗示相关单位进行一些不符合法律、法规和强制性标准的活动。因此，建设单位必须依法规范自身的行为。

合同约定的工期是建设单位与施工单位在工期定额的基础上，根据施工条件、技术水平等，经过双方平等协商而共同约定的工期。建设单位不能片面为了早日实现建设项目的效益，迫使施工单位大量增加人

力、物力投入，或简化施工程序，随意压缩合同约定的工期。任何违背科学和客观规律的行为，都是施工生产安全事故隐患，都有可能导致施工生产安全事故的发生。但是，在符合有关法律、法规和强制性标准的规定，并编制了赶工技术措施等前提下，建设单位与施工单位就提前工期的技术措施费和提前工期奖励等协商一致后，可以对合同工期进行适当调整。

四、确定建设工程安全作业环境及安全施工措施所需费用

《建设工程安全生产管理条例》规定，建设单位在编制工程概算时，应当确定建设工程安全作业环境及安全施工措施所需费用。

多年的实践表明，要保障施工安全生产，必须有合理的安全投入。因此，建设单位在编制工程概算时，应当合理确定保障建设工程施工安全所需的费用，并依法足额向施工单位提供。

五、不得要求购买、租赁和使用不符合安全施工要求的用具设备等

《建设工程安全生产管理条例》规定，建设单位不得明示或者暗示施工单位购买、租赁、使用不符合安全施工要求的安全防护用具、机械设备、施工机具及配件、消防设施和器材。

由于建设工程的投资额、投资效益以及工程质量等最终都由建设单位承担，建设单位势必对工程建设的各个环节都非常关心，包括材料设备的采购、租赁等。这就要求建设单位与施工单位应当在合同中约定双方的权利义务，包括采用哪种供货方式等。施工单位购买、租赁或是使用有关安全防护用具、机械设备等，建设单位都不得采用明示或者暗示的方式，违法向施工单位提出不符合安全施工的要求。

六、申领施工许可证应当提供有关安全施工措施的资料

按照建筑法的规定，申请领取施工许可证应当具备的条件之一，就是"有保证工程质量和安全的具体措施"。

《建设工程安全生产管理条例》进一步规定，建设单位在申请领取施工许可证时，应当提供建设工程有关安全施工措施的资料。依法批准开工报告的建设工程，建设单位应当自开工报告批准之日起15日内，将保证安全施工的措施报送建设工程所在地的县级以上地方人民政府建设行政主管部门或者其他有关部门备案。

建设单位在申请领取施工许可证时，应当提供的建设工程有关安全施工措施资料，一般包括：中标通知书，工程施工合同，施工现场总平面布置图，临时设施规划方案和已搭建情况，施工现场安全防护设施搭设（设置）计划、施工进度计划、安全措施费用计划，专项安全施工组织设计（方案、措施），模拟进入施工现场使用的施工起重机械设备（塔式起重机、物料提升机、外用电梯）的型号、数量，工程项目负责人、安全管理人员及特种作业人员持证上岗情况，建设单位安全监督人员名册、工程监理单位人员名册，以及其他应提交的材料。

七、装修工程和拆除工程的规定

建筑法规定，涉及建筑主体和承重结构变动的装修工程，建设单位应当在施工前委托原设计单位或者具有相应资质条件的设计单位提出设计方案；没有设计方案的，不得施工。同时还规定，房屋拆除应当由具备保证安全条件的建筑施工单位承担。

《建设工程安全生产管理条例》进一步规定，建设单位应当将拆除工程发包给具有相应资质等级的施工单位。建设单位应当在拆除工程施工15日前，将下列资料报送建设工程所在地的县级以上地方人民政府建设行政主管部门或者其他有关部门备案：

（一）施工单位资质等级证明。

（二）拟拆除建筑物、构筑物及可能危及毗邻建筑的说明。

（三）拆除施工组织方案。

（四）堆放、清除废弃物的措施。

实施爆破作业的，应当遵守国家有关民用爆炸物品管理的规定。

八、建设单位违法行为应承担的法律责任

《建设工程安全生产管理条例》规定，建设单位未提供建设工程安全生产作业环境及安全施工措施所需费用的，责令限期改正；逾期未改正的，责令该建设工程停止施工。建设单位未将保证安全施工的措施或者拆除工程的有关资料报送有关部门备案的，责令限期改正，给予警告。

建设单位有下列行为之一的，责令限期改正，处 20 万元以上 50 万元以下的罚款；造成重大安全事故，构成犯罪的，对直接责任人员，依照刑法有关规定追究刑事责任；造成损失的，依法承担赔偿责任：

（一）对勘察、设计、施工、工程监理等单位提出不符合安全生产法律、法规和强制性标准规定的要求的。

（二）要求施工单位压缩合同约定的工期的。

（三）将拆除工程发包给不具有相应资质等级的施工单位的。

第四节　勘察、设计单位相关的安全责任

建设工程安全生产是一个大的系统工程。工程勘察、设计作为工程建设的重要环节，对于保障安全施工具有重要影响。

一、勘察单位的安全责任

《建设工程安全生产管理条例》规定，勘察单位应当按照法律、法规和工程建设强制性标准进行勘察，提供的勘察文件应当真实、准确，满

足建设工程安全生产的需要。勘察单位在勘察作业时，应当严格执行操作规程，采取措施保证各类管线、设施和周边建筑物、构筑物的安全。

工程勘察是工程建设的先行官。工程勘察成果是建设工程项目规划、选址、设计的重要依据，也是保证施工安全的重要因素和前提条件。因此，勘察单位必须按照法律、法规的规定以及工程建设强制性标准的要求进行勘察，并提供真实、准确的勘察文件，不能弄虚作假。

此外，勘察单位在进行勘察作业时，也易发生安全事故。为了保证勘察作业的安全，要求勘察人员必须严格执行操作规程，并应采取措施保证各类管线、设施和周边建筑物、构筑物的安全，为保障施工作业人员和相关人员的安全提供必要条件。

二、设计单位的安全责任

工程设计是工程建设的灵魂。在建设工程项目确定后，工程设计便成为工程建设中极为重要、关键的环节，对安全施工有着重要影响。

（一）按照法律、法规和工程建设强制性标准进行设计

《建设工程安全生产管理条例》规定，设计单位应当按照法律、法规和工程建设强制性标准进行设计，防止因设计不合理导致生产安全事故的发生。

工程建设强制性标准是工程建设技术和经验的总结与积累，对保证建设工程质量和施工安全起着至关重要的作用。从一些生产安全事故的原因分析，涉及设计单位责任的，主要是由于没有按照强制性标准进行设计，设计的不合理导致施工过程中发生了安全事故。因此，设计单位在设计过程中必须考虑施工生产安全，严格执行强制性标准。

（二）提出防范生产安全事故的指导意见和措施建议

《建设工程安全生产管理条例》规定，设计单位应当考虑施工安全操作和防护的需要，对涉及施工安全的重点部位和环节在设计文件中注明，并对防范生产安全事故提出指导意见。采用新结构、新材料、新工艺的建设工程和特殊结构的建设工程，设计单位应当在设计中提出保障

施工作业人员安全和预防生产安全事故的措施建议。

设计单位的工程设计文件对保证建设工程结构安全至关重要。同时，设计单位在编制设计文件时，还应当结合建设工程的具体特点和实际情况，考虑施工安全作业和安全防护的需要，为施工单位制定安全防护措施并提供技术保障。特别是对采用新结构、新材料、新工艺的建设工程和特殊结构的建设工程，设计单位应当在设计中提出保障施工作业人员安全和预防生产安全事故的措施建议。在施工单位作业前，设计单位还应当就设计意图、设计文件向施工单位做出说明和技术交底，并对防范生产安全事故提出指导意见。

（三）对设计成果承担责任

《建设工程安全生产管理条例》规定，设计单位和注册建筑师等注册执业人员应当对其设计负责。

"谁设计，谁负责"，这是国际通行做法。如果由于设计责任造成事故，设计单位就要承担法律责任，还应当对造成的损失进行赔偿。建筑师、结构工程师等注册执业人员应当在设计文件上签字盖章，对设计文件负责，并承担相应的法律责任。

三、勘察、设计单位应承担的法律责任

《建设工程安全生产管理条例》规定，勘察单位、设计单位有下列行为之一的，责令限期改正，处 10 万元以上 30 万元以下的罚款；情节严重的，责令停业整顿，降低资质等级，直至吊销资质证书；造成重大安全事故，构成犯罪的，对直接责任人员，依照刑法有关规定追究刑事责任；造成损失的，依法承担赔偿责任：（1）未按照法律、法规和工程建设强制性标准进行勘察、设计的；（2）采用新结构、新材料、新工艺的建设工程和特殊结构的建设工程，设计单位未在设计中提出保障施工作业人员安全和预防生产安全事故的措施建议的。

注册执业人员未执行法律、法规和工程建设强制性标准的，责令停止执业三个月以上一年以下；情节严重的，吊销执业资格证书，五年内

不予注册；造成重大安全事故的，终身不予注册；构成犯罪的，依照刑法有关规定追究刑事责任。

第五节 工程监理、检验检测单位相关的安全责任

一、工程监理单位的安全责任

工程监理是监理单位受建设单位的委托，依照法律、法规和建设工程监理规范的规定，对工程建设实施的监督管理。但在实践中，一些监理单位只注重对施工质量、进度和投资的监控，不重视对施工安全的监督管理，这就使得施工现场因违章指挥、违章作业而发生伤亡事故的情况未能得到有效控制。因此，须依法加强施工安全监理工作，进一步提高建设工程监理水平。

（一）对安全技术措施或专项施工方案进行审查

《建设工程安全生产管理条例》规定，工程监理单位应当审查施工组织设计中的安全技术措施或者专项施工方案是否符合工程建设强制性标准。

施工组织设计中应当包括安全技术措施和施工现场临时用电方案，对基坑支护与降水过程、土方开挖工程、模板工程、起重吊装工程、脚手架工程、拆除、爆破工程等达到一定规模的危险性较大的分部分项工程，还应当编制专项施工方案。工程监理单位要对这些安全技术措施和专项施工方案进行审查，重点审查是否符合工程建设强制性标准；对于达不到强制性标准的，应当要求施工单位进行补充和完善。

（二）依法对施工安全事故隐患进行处理

《建设工程安全生产管理条例》规定，工程监理单位在实施监理过程中，发现存在安全事故隐患的，应当要求施工单位整改；情况严重的，应当要求施工单位暂时停止施工，并及时报告建设单位。施工单位拒不

整改或者不停止施工的，工程监理单位应当及时向有关主管部门报告。

工程监理单位受建设单位的委托，有权要求施工单位对存在的安全事故隐患进行整改，有权要求施工单位暂时停止施工，并依法向建设单位和有关主管部门报告。

(三)承担建设工程安全生产的监理责任

《建设工程安全生产管理条例》规定，工程监理单位和监理工程师应当按照法律、法规和工程建设强制性标准实施监理，并对建设工程安全生产承担监理责任。

工程监理单位有下列行为之一的，责令限期改正；逾期未改正的，责令停业整顿，并处 10 万元以上 30 万元以下的罚款；情节严重的，降低资质等级，直至吊销资质证书；造成重大安全事故，构成犯罪的，对直接责任人员，依照刑法有关规定追究刑事责任；造成损失的，依法承担赔偿责任：

1. 未对施工组织设计中的安全技术措施或者专项施工方案进行审查的。

2. 发现安全事故隐患未及时要求施工单位整改或者暂时停止施工的。

3. 施工单位拒不整改或者不停止施工，未及时向有关主管部门报告的。

4. 未依照法律、法规和工程建设强制性标准实施监理的。

二、设备检验检测单位的安全责任

《建设工程安全生产管理条例》规定，检验检测机构对检测合格的施工起重机械和整体提升脚手架、模板等自升式架设设施，应当出具安全合格证明文件，并对检测结果负责。

(一)设备检验检测单位的职责

《中华人民共和国安全生产法》(以下简称安全生产法)规定，承担安全评价、认证、检测、检验的机构应当具备国家规定的资质条件，并对其作出的安全评价、认证、检测、检验的结果负责。

《中华人民共和国特种设备安全法》(以下简称特种设备安全法)规定,起重机械的安装、改造、重大修理过程,应当经特种设备检验机构按照安全技术规范的要求进行监督检验;未经监督检验或者监督检验不合格的,不得出厂或者交付使用。

特种设备检验、检测机构及其检验、检测人员应当客观、公正、及时地出具检验、检测报告,并对检验、检测结果和鉴定结论负责。特种设备检验、检测机构及其检验、检测人员在检验、检测中发现特种设备存在严重事故隐患时,应当及时告知相关单位,并立即向负责特种设备安全监督管理的部门报告。

(二)设备检验检测单位违法行为应承担的法律责任

安全生产法规定,承担安全评价、认证、检测、检验工作的机构,出具虚假证明的,没收违法所得;违法所得在十万元以上的,并处违法所得二倍以上五倍以下的罚款;没有违法所得或者违法所得不足十万元的,单处或者并处十万元以上二十万元以下的罚款;对其直接负责的主管人员和其他直接责任人员处二万元以上五万元以下的罚款;给他人造成损害的,与生产经营单位承担连带赔偿责任;构成犯罪的,依照刑法有关规定追究刑事责任。对有前款违法行为的机构,吊销其相应资质。

第六节　机械设备等单位相关的安全责任

一、提供机械设备和配件单位的安全责任

《建设工程安全生产管理条例》规定,为建设工程提供机械设备和配件的单位,应当按照安全施工的要求配备齐全有效的保险、限位等安全设施和装置。

施工机械设备是施工现场的重要设备,在建设工程施工中的应用越来越普及。但是,当前施工现场所使用的机械设备产品质量不容乐观,

有的安全保险和限位装置不齐全或是失灵，有的在设计和制造上存在重大质量缺陷，导致施工安全事故时有发生。因此，为建设工程提供施工机械设备和配件的单位，应当配齐有效的保险、限位等安全设施和装置，保证其灵敏可靠，以保障施工机械设备的安全使用，减少施工机械设备事故的发生。

二、出租机械设备和施工机具及配件单位的安全责任

《建设工程安全生产管理条例》规定，出租的机械设备和施工机具及配件，应当具有生产(制造)许可证、产品合格证。出租单位应当对出租的机械设备和施工机具及配件的安全性能进行检测，在签订租赁协议时，应当出具检测合格证明。禁止出租检测不合格的机械设备和施工机具及配件。

近年来，我国的机械设备租赁市场发展很快，越来越多的施工单位通过租赁方式获取所需的机械设备和施工机具及配件。这对于降低施工成本、提高机械设备等使用率具有积极作用，但也存在着出租的机械设备等安全责任不明确的问题。因此，必须依法对出租单位的安全责任做出规定。

2008 年 1 月中华人民共和国住房和城乡建设部发布的《建筑起重机械安全监督管理规定》规定，出租单位应当在签订的建筑起重机械租赁合同中，明确租赁双方的安全责任，并出具建筑起重机械特种设备制造许可证、产品合格证、制造监督检验证明、备案证明和自检合格证明，提交安装使用说明书。有下列情形之一的建筑起重机械，不得出租、使用：

(一)属国家明令淘汰或者禁止使用的。

(二)超过安全技术标准或者制造厂家规定的使用年限的。

(三)经检验达不到安全技术标准规定的。

(四)没有完整安全技术档案的。

(五)没有齐全有效的安全保护装置的。建筑起重机械有以上第

（一）、（二）、（三）项情形之一的，出租单位或者自购建筑起重机械的使用单位应当予以报废，并向原备案机关办理注销手续。

三、施工起重机械和自升式架设设施安装、拆卸单位的安全责任

施工起重机械，是指施工中用于垂直升降或者垂直升降并水平移动重物的机械设备，如塔式起重机、施工外用电梯、物料提升机等。自升式架设设施，是指通过自有装置可将自身升高的架设设施，如整体提升脚手架、模板等。

（一）安装、拆卸施工起重机械和自升式架设设施必须具备相应的资质

《建设工程安全生产管理条例》规定，在施工现场安装、拆卸施工起重机械和整体提升脚手架、模板等自升式架设设施，必须由具有相应资质的单位承担。

施工起重机械和自升式架设设施等的安装、拆卸，不仅专业性很强，还具有较高的危险性，与相关的施工活动关联很大，稍有不慎极易造成群死群伤的重大施工安全事故。因此，按照《建筑业企业资质管理规定》和《建筑业企业资质等级标准》的规定，从事施工起重机械、附着升降脚手架等安拆活动的单位，应当按照资质条件申请资质，经审查合格并取得专业承包资质证书后，方可在资质许可的范围内从事其安装、拆卸活动。

（二）编制安装、拆卸方案和现场监督

《建设工程安全生产管理条例》规定，安装、拆卸施工起重机械和整体提升脚手架、模板等自升式架设设施，应当编制拆装方案、制定安全施工措施，并由专业技术人员现场监督。

《建筑起重机械安全监督管理规定》进一步规定，建筑起重机械使用单位和安装单位应当在签订的建筑起重机械安装、拆卸合同中明确双方的安全生产责任。实行施工总承包的，施工总承包单位应当与安装单位

签订建筑起重机械安装、拆卸工程安全协议书。安装单位应当履行下列安全职责：

1. 按照安全技术标准及建筑起重机械性能要求，编制建筑起重机械安装、拆卸工程专项施工方案，并由本单位技术负责人签字。

2. 按照安全技术标准及安装使用说明书等检查建筑起重机械及现场施工条件。

3. 组织安全施工技术交底并签字确认。

4. 制定建筑起重机械安装、拆卸工程生产安全事故应急救援预案。

5. 将建筑起重机械安装、拆卸工程专项施工方案，安装、拆卸人员名单，安装、拆卸时间等材料报施工总承包单位和监理单位审核后，告知工程所在地县级以上地方人民政府建设主管部门。

安装单位应当按照建筑起重机械安装、拆卸工程专项施工方案及安全操作规程组织安装、拆卸作业。安装单位的专业技术人员、专职安全生产管理人员应当进行现场监督，技术负责人应当定期巡查。

（三）出具自检合格证明、进行安全使用说明、办理验收手续的责任

《建设工程安全生产管理条例》规定，施工起重机械和整体提升脚手架、模板等自升式架设设施安装完毕后，安装单位应当自检，出具自检合格证明，并向施工单位进行使用安全说明，办理验收手续并签字。

《建筑起重机械安全监督管理规定》进一步规定，建筑起重机械安装完毕后，安装单位应当按照安全技术标准及安装使用说明书的有关要求对建筑起重机械进行自检、调试和试运转。自检合格的，应当出具自检合格证明，并向使用单位进行使用安全说明。

建筑起重机械安装完毕后，使用单位应当组织出租、安装、监理等有关单位进行验收，或者委托具有相应资质的检验检测机构进行验收。建筑起重机械经验收合格后方可投入使用，未经验收或者验收不合格的不得使用。实行施工总承包的，由施工总承包单位组织验收。

（四）依法对施工起重机械和自升式架设设施进行检测

《建设工程安全生产管理条例》规定，施工起重机械和整体提升脚手

架、模板等自升式架设设施的使用达到国家规定的检验检测期限的，必须经具有专业资质的检验检测机构检测。经检测不合格的，不得继续使用。

（五）机械设备等单位违法行为应承担的法律责任

《建设工程安全生产管理条例》规定，为建设工程提供机械设备和配件的单位，未按照安全施工的要求配备齐全有效的保险、限位等安全设施和装置的，责令限期改正，处合同价款一倍以上三倍以下的罚款；造成损失的，依法承担赔偿责任。

出租单位出租未经安全性能检测或者经检测不合格的机械设备和施工机具及配件的，责令停业整顿，并处5万元以上10万元以下的罚款；造成损失的，依法承担赔偿责任。

施工起重机械和整体提升脚手架、模板等自升式架设设施安装、拆卸单位有下列行为之一的，责令限期改正，处5万元以上10万元以下的罚款；情节严重的，责令停业整顿，降低资质等级，直至吊销资质证书；造成损失的，依法承担赔偿责任：

1. 未编制拆装方案、制定安全施工措施的。

2. 未由专业技术人员现场监督的。

3. 未出具自检合格证明或者出具虚假证明的。

4. 未向施工单位进行安全使用说明，办理移交手续的。

施工起重机械和整体提升脚手架、模板等自升式架设设施安装、拆卸单位如有以上规定的第1项、第3项行为，经有关部门或者单位职工提出后，对事故隐患仍不采取措施，因而发生重大伤亡事故或者造成其他严重后果，构成犯罪的，对直接责任人员，依照刑法有关规定追究刑事责任。

第七节　政府部门安全监督管理的相关规定

一、建设工程安全生产的监督管理体制

安全生产法规定，国务院安全生产监督管理部门依照本法，对全国

安全生产工作实施综合监督管理；县级以上地方各级人民政府安全生产监督管理部门依照本法，对本行政区域内安全生产工作实施综合监督管理。国务院有关部门依照本法和其他有关法律、行政法规的规定，在各自的职责范围内对有关行业、领域的安全生产工作实施监督管理；县级以上地方各级人民政府有关部门依照本法和其他有关法律、法规的规定，在各自的职责范围内对有关行业、领域的安全生产工作实施监督管理。

安全生产监督管理部门和对有关行业、领域的安全生产工作实施监督管理的部门，统称负有安全生产监督管理职责的部门。

《建设工程安全生产管理条例》进一步规定，国务院建设行政主管部门对全国的建设工程安全生产实施监督管理。国务院铁路、交通、水利等有关部门按照国务院规定的职责分工，负责有关专业建设工程安全生产的监督管理。县级以上地方人民政府建设行政主管部门对本行政区域内的建设工程安全生产实施监督管理。县级以上地方人民政府交通、水利等有关部门在各自的职责范围内，负责本行政区域内的专业建设工程安全生产的监督管理。

二、政府主管部门对涉及安全生产事项的审查

安全生产法规定，负有安全生产监督管理职责的部门依照有关法律、法规的规定，对涉及安全生产的事项需要审查批准（包括批准、核准、许可、注册、认证、颁发证照等，下同）或者验收的，必须严格依照有关法律、法规和国家标准或者行业标准规定的安全生产条件和程序进行审查；不符合有关法律、法规和国家标准或者行业标准规定的安全生产条件的，不得批准或者不得通过验收。对未依法取得批准或者验收合格的单位擅自从事有关活动的，负责行政审批的部门发现或者接到举报后应当立即予以取缔，并依法予以处理。对已经依法取得批准的单位，负责行政审批的部门发现其不再具备安全生产条件的，应当撤销原批准。

负有安全生产监督管理职责的部门对涉及安全生产的事项进行审查、验收，不得收取费用；不得要求接受审查、验收的单位购买其指定品牌或者指定生产、销售单位的安全设备、器材或者其他产品。

《建设工程安全生产管理条例》规定，建设行政主管部门在审核发放施工许可证时，应当对建设工程是否有安全施工措施进行审查，对没有安全施工措施的，不得颁发施工许可证。

三、政府行业主管部门实施安全生产行政执法工作的法定职权

安全生产法规定，安全生产监督管理部门和其他负有安全生产监督管理职责的部门依法开展安全生产行政执法工作，对生产经营单位执行有关安全生产的法律、法规和国家标准或者行业标准的情况进行监督检查，行使以下职权：

1. 进入生产经营单位进行检查，调阅有关资料，向有关单位和有关人员了解情况。

2. 对检查中发现的安全生产违法行为，当场予以纠正或者要求限期改正；对依法应当给予行政处罚的行为，依照本法和其他有关法律、行政法规的规定做出行政处罚决定。

3. 对检查中发现的事故隐患，应当责令立即排除；重大事故隐患排除前或者排除过程中无法保证安全的，应当责令从危险区域内撤出作业人员，责令暂时停产停业或者停止使用相关设施、设备；重大事故隐患排除后，经审查同意，方可恢复生产经营和使用。

4. 对有根据认为不符合保障安全生产的国家标准或者行业标准的设施、设备、器材以及违法生产、储存、使用、经营、运输的危险物品予以查封或者扣押，对违法生产、储存、使用、经营危险物品的作业场所予以查封，并依法作出处理决定。监督检查不得影响被检查单位的正常生产经营活动。

生产经营单位对负有安全生产监督管理职责的部门的监督检查人员

（以下统称安全生产监督检查人员）依法履行监督检查职责，应当予以配合，不得拒绝、阻挠。生产经营单位拒绝、阻碍负有安全生产监督管理职责的部门依法实施监督检查的，责令改正；拒不改正的，处二万元以上二十万元以下的罚款；对其直接负责的主管人员和其他直接责任人员处一万元以上二万元以下的罚款；构成犯罪的，依照刑法有关规定追究刑事责任。

安全生产监督检查人员执行监督检查任务时，必须出示有效的监督执法证件；对涉及被检查单位的技术秘密和业务秘密，应当为其保密。负有安全生产监督管理职责的部门在监督检查中，应当互相配合，实行联合检查；确需分别进行检查的，应当互通情况，发现存在的安全问题应当由其他有关部门进行处理的，应当及时移送其他有关部门并形成记录备查，接受移送的部门应当及时进行处理。

负有安全生产监督管理职责的部门依法对存在重大事故隐患的生产经营单位作出停产停业、停止施工、停止使用相关设施或者设备的决定，生产经营单位应当依法执行，及时消除事故隐患。生产经营单位拒不执行，有发生生产安全事故的现实危险的，在保证安全的前提下，经本部门主要负责人批准，负有安全生产监督管理职责的部门可以采取通知有关单位停止供电、停止供应民用爆炸物品等措施，强制生产经营单位履行决定。通知应当采用书面形式，有关单位应当予以配合。负有安全生产监督管理职责的部门依照前款规定采取停止供电措施，除有危及生产安全的紧急情形外，应当提前二十四小时通知生产经营单位。生产经营单位依法履行行政决定、采取相应措施消除事故隐患的，负有安全生产监督管理职责的部门应当及时解除前款规定的措施。

四、建立安全生产的举报制度和相关信息系统

安全生产法规定，负有安全生产监督管理职责的部门应当建立举报制度，公开举报电话、信箱或者电子邮件地址，受理有关安全生产的举

报；受理的举报事项经调查核实后，应当形成书面材料；需要落实整改措施的，报经有关负责人签字并督促落实。任何单位或者个人对事故隐患或者安全生产违法行为，均有权向负有安全生产监督管理职责的部门报告或者举报。

负有安全生产监督管理职责的部门应当建立安全生产违法行为信息库，如实记录生产经营单位的安全生产违法行为信息；对违法行为情节严重的生产经营单位，应当向社会公告，并通报行业主管部门、投资主管部门、国土资源主管部门、证券监督管理机构以及有关金融机构。国务院安全生产监督管理部门建立全国统一的生产安全事故应急救援信息系统，国务院有关部门建立健全相关行业、领域的生产安全事故应急救援信息系统。

《建设工程安全生产管理条例》规定，县级以上人民政府建设行政主管部门和其他有关部门应当及时受理对建设工程生产安全事故及安全事故隐患的检举、控告和投诉。

第八节　建设工程单位安全生产教育培训规定

一、施工单位三类管理人员和特种作业人员的培训考核

（一）三类管理人员的考核：《建设工程安全生产管理条例》进一步规定，施工单位的主要负责人、项目负责人、专职安全生产管理人员应当经建设行政主管部门或者其他部门考核合格后方可任职。

（二）特种作业人员的培训考核：《建设工程安全生产管理条例》进一步规定，垂直运输机械作业人员、安装拆卸工、爆破作业人员、起重信号工、登高架设作业人员等特种作业人员，必须按照国家有关规定经过专门的安全作业培训，并取得特种作业操作资格证书后，方可上岗

作业。

2008 年 4 月中华人民共和国住房和城乡建设部发布的《建筑施工特种作业人员管理规定》规定，建筑施工特种作业包括：

1. 建筑电工。

2. 建筑架子工。

3. 建筑起重信号司索工。

4. 建筑起重机械司机。

5. 建筑起重机械安装拆卸工。

6. 高处作业吊篮安装拆卸工。

7. 经省级以上人民政府建设主管部门认定的其他特种作业。

二、施工单位全员的安全生产教育培训

施工单位应当对管理人员和作业人员每年至少进行一次安全生产教育培训，其教育培训情况记入个人工作档案。安全生产教育培训考核不合格的人员，不得上岗。

三、进入新岗位或者新施工现场前的安全生产教育培训

建筑企业要对新职工进行至少 32 学时的安全培训，每年进行至少 20 学时的再培训。

四、采用新技术、新工艺、新设备、新材料前的安全生产教育培训

施工单位在采用新技术、新工艺、新设备、新材料时，应当对作业人员进行相应的安全生产教育培训。

安全教育培训可采取多种形式，包括安全形势报告会、事故案例分析会、安全法制教育、安全技术交流、安全竞赛、师傅带徒弟等。

第四章　建设工程安全生产防护

第一节　编制安全技术措施、专项施工方案和安全技术交底的规定

一、编制安全技术措施和施工现场临时用电方案

《建设工程安全生产管理条例》规定，施工单位应当在施工组织设计中编制安全技术措施和施工现场临时用电方案。

施工现场临时用电设备在五台及以上或设备总容量在50kW及以上者，应编制用电组织设计。施工现场临时用电设备在五台以下或设备总容量在50kW以下者，应制定安全用电和电气防火措施。

二、编制安全专项施工方案

《建设工程安全生产管理条例》规定，对下列达到一定规模的危险性较大的分部分项工程编制专项施工方案，并附具安全验算结果，经施工单位技术负责人、总监理工程师签字后实施，由专职安全生产管理人员进行现场监督：

（一）基坑支护与降水工程。

（二）土方开挖工程。

（三）模板工程。

（四）起重吊装工程。

（五）脚手架工程。

（六）拆除、爆破工程。

（七）国务院建设行政主管部门或者其他有关部门规定的其他危险性较大的工程。

对以上所列工程中涉及深基坑、地下暗挖工程、高大模板工程的专项施工方案，施工单位还应当组织专家进行论证和审查。

三、安全技术交底

建设工程施工前，施工单位负责项目管理的技术人员应当对有关安全施工的技术要求向施工作业班组、作业人员作出详细说明，并由双方签字确认。

第二节　施工现场安全防护和安全费用的规定

一、施工现场安全防护

（一）危险部位设置安全警示标志

安全警示标志，是指提醒人们注意的各种标牌、文字、符号以及灯光等，一般由安全色、几何图形和图形符号构成。

施工单位应当在施工现场入口处、施工起重机械、临时用电设施、脚手架、出入通道口、楼梯口、电梯井口、孔洞口、桥梁口、隧道口、基坑边沿、爆破物及有害危险气体和液体存放处等危险部位，设置明显的安全警示标志。安全警示标志必须符合国家标准。

（二）不同施工阶段和暂停施工应采取的安全施工措施

施工单位应当根据不同施工阶段和周围环境及季节、气候的变化，在施工现场采取相应的安全施工措施。施工现场暂时停止施工的，施工单位应当做好现场防护，所需费用由责任方承担，或者按照合同约定执行。

（三）施工现场临时设施的安全卫生要求

施工单位应当将施工现场的办公、生活区与作业区分开设置，并保持安全距离；办公、生活区的选址应当符合安全性要求。职工的膳食、饮水、休息场所等应当符合卫生标准。施工单位不得在尚未竣工的建筑物内设置员工集体宿舍。施工现场临时搭建的建筑物应当符合安全使用要求。施工现场使用的装配式活动房屋应当具有产品合格证。

（四）施工现场周边的安全防护措施

施工单位对因建设工程施工可能造成损害的毗邻建筑物、构筑物和地下管线等，应当采取专项防护措施。在城市市区内的建设工程，施工单位应当对施工现场实行封闭围挡。

（五）危险作业的施工现场安全管理

生产经营单位进行爆破、吊装以及国务院安全生产监督管理部门会同国务院有关部门规定的其他危险作业，应当安排专门人员进行现场安全管理，确保操作规程的遵守和安全措施的落实。

（六）安全防护设备、机械设备等的安全管理

《建设工程安全生产管理条例》规定，施工单位采购、租赁的安全防护用具、机械设备、施工机具及配件，应当具有生产（制造）许可证、产品合格证，并在进入施工现场前进行查验。施工现场的安全防护用具、机械设备、施工机具及配件必须由专人管理，定期进行检查、维修和保养，建立相应的资料档案，并按照国家有关规定及时报废。

二、施工起重机械设备等的安全使用管理

《建设工程安全生产管理条例》规定，施工单位在使用施工起重机械和整体提升脚手架、模板等自升式架设设施前，应当组织有关单位进行验收，也可以委托具有相应资质的检验检测机构进行验收；使用承租的机械设备和施工机具及配件的，由施工总承包单位、分包单位、出租单位和安装单位共同进行验收。验收合格方可使用。

三、施工单位安全生产费用的提取和使用管理

施工单位安全生产费用(以下简称安全费用),是指施工单位按照规定标准提取在成本中列支,专门用于完善和改进企业或者施工项目安全生产条件的资金。安全费用按照"企业提取、政府监管、确保需要、规范使用"的原则进行管理。

(一)施工单位安全费用的提取管理

建设工程施工企业以建筑安装工程造价为计提依据。各建设工程类别安全费用提取标准如下:

1. 矿山工程为 2.5%。房屋建筑工程、水利水电工程、电力工程、铁路工程、城市轨道交通工程为 2.0%。

2. 市政公用工程、冶炼工程、机电安装工程、化工石油工程、港口与航道工程、公路工程、通信工程为 1.5%。建设工程施工企业提取的安全费用列入工程造价,在竞标时,不得删减,列入标外管理。国家对基本建设投资概算另有规定的,从其规定。总包单位应当将安全费用按比例直接支付分包单位并监督使用,分包单位不再重复提取。

2013 年 3 月,住房和城乡建设部、财政部经修订并颁布了新的《建筑安装工程费用项目组成》,规定安全文明施工费包括:

(1)环境保护费:指施工现场为达到环保部门要求所需要的各项费用。

(2)文明施工费:指施工现场文明施工所需要的各项费用。

(3)安全施工费:指施工现场安全施工所需要的各项费用。

(4)临时设施费:指施工企业为进行建设工程施工所必须搭设的生活和生产用的临时建筑物、构筑物和其他临时设施费用,包括临时设施的搭设、维修、拆除、清理费或摊销费等。

(二)施工单位安全费用的使用管理

《企业安全生产费用提取和使用管理办法》规定,建设工程施工企业安全费用应当按照以下范围使用:

1. 完善、改造和维护安全防护设施设备支出(不含"三同时"要求初期投入的安全设施),包括施工现场临时用电系统、洞口、临边、机械设备、高处作业防护、交叉作业防护、防火、防爆、防尘、防毒、防雷、防台风、防地质灾害、地下工程有害气体监测、通风、临时安全防护等设施设备支出。

2. 配备、维护、保养应急救援器材、设备支出和应急演练支出。

3. 开展重大危险源和事故隐患评估、监控和整改支出。

4. 安全生产检查、评价(不包括新建、改建、扩建项目安全评价)、咨询和标准化建设支出。

5. 配备和更新现场作业人员安全防护用品支出。

6. 安全生产宣传、教育、培训支出。

7. 安全生产适用的新技术、新标准、新工艺、新装备的推广应用支出。

8. 安全设施及特种设备检测检验支出。

9. 其他与安全生产直接相关的支出。

第三节　施工现场消防安全职责和应采取的消防安全措施

一、施工单位消防安全责任人和消防安全职责

施工单位应当在施工现场建立消防安全责任制度,确定消防安全责任人,制定用火、用电、使用易燃易爆材料等各项消防安全管理制度和操作规程,设置消防通道、消防水源,配备消防设施和灭火器材,并在施工现场入口处设置明显标志。

二、施工现场的消防安全要求

(一)施工现场要设置消防通道并确保畅通。

（二）施工现场要按有关规定设置消防水源。

（三）动用明火必须实行严格的消防安全管理，禁止在具有火灾、爆炸危险的场所使用明火；需要进行明火作业的，动火部门和人员应当按照用火管理制度办理审批手续，落实现场监护人，在确认无火灾、爆炸危险后方可动火施工；动火施工人员应当遵守消防安全规定，并落实相应的消防安全措施；易燃易爆危险物品和场所应有具体防火防爆措施；电焊、气焊、电工等特殊工种人员必须持证上岗；将容易发生火灾、一旦发生火灾后果严重的部位确定为重点防火部位，实行严格管理。

（四）施工现场的办公、生活区与作业区应当分开设置，并保持安全距离；施工单位不得在尚未竣工的建筑物内设置员工集体宿舍。

三、施工单位消防安全自我评估和防火检查

施工单位应及时纠正违章操作行为，及时发现火灾隐患并采取防范、整改措施。国家、省级等重点工程的施工现场应当进行每日防火巡查，其他施工现场也应根据需要组织防火巡查。

施工单位防火检查的内容应当包括：火灾隐患的整改情况以及防范措施的落实情况，疏散通道、消防车通道、消防水源情况，灭火器材配置及有效情况，用火、用电有无违章情况，重点工种人员及其他施工人员消防知识掌握情况，消防安全重点部位管理情况，易燃易爆危险物品和场所防火防爆措施落实情况，防火巡查落实情况等。

四、建设工程消防施工的质量和安全责任

施工单位应当承担下列消防施工的质量和安全责任：

（一）按照国家工程建设消防技术标准和经消防设计审核合格或者备案的消防设计文件组织施工，不得擅自改变消防设计进行施工，降低消防施工质量。

（二）查验消防产品和具有防火性能要求的建筑构件、建筑材料及装修材料的质量，使用合格产品，保证消防施工质量。

（三）建立施工现场消防安全责任制度，确定消防安全负责人。加强对施工人员的消防教育培训，落实动火、用电、易燃可燃材料等消防管理制度和操作规程。保证在建工程竣工验收前消防通道、消防水源、消防安全标志等完好有效。

五、施工单位的消防安全教育培训和消防演练

在建工程的施工单位应当开展下列消防安全教育工作：

（一）建设工程施工前应当对施工人员进行消防安全教育。

（二）在建设工地醒目位置、施工人员集中住宿场所设置消防安全宣传栏，悬挂消防安全挂图和消防安全警示标识。

（三）对明火作业人员进行经常性的消防安全教育。

（四）组织灭火和应急疏散演练。

第四节　工伤保险和意外伤害保险的规定

《中华人民共和国建筑法》（以下简称《建筑法》）规定，建筑施工企业应当依法为职工参加工伤保险缴纳工伤保险费。鼓励企业为从事危险作业的职工办理意外伤害保险，支付保险费。

据此，工伤保险是面向施工企业全体员工的强制性保险。意外伤害保险则针对施工现场从事危险作业特殊群体的职工，其适用对象是在施工现场从事高处作业、深基坑作业、爆破作业等危险性较大的施工人员，法律鼓励施工企业再为他们办理意外伤害保险，使这部分人员能够比其他职工依法获得更多的权益保障。

一、工伤保险基金

工伤保险基金由用人单位缴纳的工伤保险费、工伤保险基金的利息和依法纳入工伤保险基金的其他资金构成。工伤保险费根据以支定收、收支平衡的原则，确定费率。

二、工伤认定

(一)职工有下列情形之一的,应当认定为工伤

1. 在工作时间和工作场所内,因工作原因受到事故伤害的。

2. 工作时间前后在工作场所内,从事与工作有关的预备性或者收尾性工作受到事故伤害的。

3. 在工作时间和工作场所内,因履行工作职责受到暴力等意外伤害的。

4. 患职业病的。

5. 因工外出期间,由于工作原因受到伤害或者发生事故下落不明的。

6. 在上下班途中,受到非本人主要责任的交通事故或者城市轨道交通、客运轮渡、火车事故伤害的。

7. 法律、行政法规规定应当认定为工伤的其他情形。

(二)职工有下列情形之一的,视同工伤

1. 在工作时间和工作岗位,突发疾病死亡或者在 48 小时之内经抢救无效死亡的。

2. 在抢险救灾等维护国家利益、公共利益活动中受到伤害的。

3. 职工原在军队服役,因战、因公负伤致残,已取得革命伤残军人证,到用人单位后旧伤复发的。

职工有以上第 1 项、第 2 项情形的,按照《工伤保险条例》的有关规定享受工伤保险待遇;职工有以上第 3 项情形的,按照《工伤保险条例》的有关规定享受除一次性伤残补助金以外的工伤保险待遇。

(三)职工符合以上的规定,但是有下列情形之一的,不得认定为工伤或者视同工伤

1. 故意犯罪的。

2. 醉酒或者吸毒的。

3. 自残或者自杀的。

（四）职业病的鉴定

职工发生事故伤害或者按照《中华人民共和国职业病防治法》规定被诊断、鉴定为职业病，所在单位应当自事故伤害发生之日或者被诊断、鉴定为职业病之日起 30 日内，向统筹地区社会保险行政部门提出工伤认定申请。遇有特殊情况，经报社会保险行政部门同意，申请时限可以适当延长。用人单位未按以上规定提出工伤认定申请的，工伤职工或者其近亲属、工会组织在事故伤害发生之日或者被诊断、鉴定为职业病之日起一年内，可以直接向用人单位所在地统筹地区社会保险行政部门提出工伤认定申请。按照以上规定应当由省级社会保险行政部门进行工伤认定的事项，根据属地原则由用人单位所在地的设区的市级社会保险行政部门办理。用人单位未在以上规定的时限内提交工伤认定申请，在此期间发生符合《工伤保险条例》规定的工伤待遇等有关费用由该用人单位负担。

社会保险行政部门应当自受理工伤认定申请之日起 60 日内作出工伤认定的决定，并书面通知申请工伤认定的职工或者其近亲属和该职工所在单位。社会保险行政部门对受理的事实清楚、权利义务明确的工伤认定申请，应当在 15 日内作出工伤认定的决定。

（五）劳动能力鉴定

职工发生工伤，经治疗伤情相对稳定后存在残疾、影响劳动能力的，应当进行劳动能力鉴定。劳动能力鉴定是指劳动功能障碍程度和生活自理障碍程度的等级鉴定。劳动功能障碍分为十个伤残等级，最重的为一级，最轻的为十级。生活自理障碍分为三个等级：生活完全不能自理、生活大部分不能自理和生活部分不能自理。

劳动能力鉴定由用人单位、工伤职工或者其近亲属向设区的市级劳动能力鉴定委员会提出申请，并提供工伤认定决定和职工工伤医疗的有关资料。

设区的市级劳动能力鉴定委员会收到劳动能力鉴定申请后，应当从其建立的医疗卫生专家库中随机抽取 3 名或者 5 名相关专家组成专家组，由专家组提出鉴定意见。设区的市级劳动能力鉴定委员会根据专家组的鉴定意见作出工伤职工劳动能力鉴定结论；必要时，可以委托具备资格的医疗机构协助进行有关的诊断。设区的市级劳动能力鉴定委员会应当自收到劳动能力鉴定申请之日起 60 日内作出劳动能力鉴定结论，必要时，作出劳动能力鉴定结论的期限可以延长 30 日。劳动能力鉴定结论应当及时送达申请鉴定的单位和个人。

申请鉴定的单位或者个人对设区的市级劳动能力鉴定委员会作出的鉴定结论不服的，可以在收到该鉴定结论之日起 15 日内向省、自治区、直辖市劳动能力鉴定委员会提出再次鉴定申请。省、自治区、直辖市劳动能力鉴定委员会作出的劳动能力鉴定结论为最终结论。

（六）工伤保险待遇

职工因工作遭受事故伤害或者患职业病进行治疗，享受工伤医疗待遇。

1. 工伤的治疗。职工治疗工伤应当在签订服务协议的医疗机构就医，情况紧急时可以先到就近的医疗机构急救。治疗工伤所需费用符合工伤保险诊疗项目目录、工伤保险药品目录、工伤保险住院服务标准的，从工伤保险基金支付。职工住院治疗工伤的伙食补助费，以及经医疗机构出具证明，报经办机构同意，工伤职工到统筹地区以外就医所需的交通、食宿费用从工伤保险基金支付，基金支付的具体标准由统筹地区人民政府规定。工伤职工到签订服务协议的医疗机构进行工伤康复的费用，符合规定的，从工伤保险基金支付。

2. 工伤医疗的停工留薪期。职工因工作遭受事故伤害或者患职业病需要暂停工作接受工伤医疗的，在停工留薪期内，原工资福利待遇不变，由所在单位按月支付。停工留薪期一般不超过 12 个月。伤情严重或者情况特殊，经设区的市级劳动能力鉴定委员会确认，可以适当延长，但延长不得超过 12 个月。

3. 工伤职工的护理。生活不能自理的工伤职工在停工留薪期需要护理的，由所在单位负责。

工伤职工已经评定伤残等级并经劳动能力鉴定委员会确认需要生活护理的，从工伤保险基金按月支付生活护理费。生活护理费按照生活完全不能自理、生活大部分不能自理或者生活部分不能自理三个不同等级支付，其标准分别为统筹地区上年度职工月平均工资的50％、40％或者30％。

4. 职工因工致残的待遇。职工因工致残被鉴定为一级至四级伤残的，保留劳动关系，退出工作岗位，享受以下待遇：

（1）从工伤保险基金按伤残等级支付一次性伤残补助金，标准为：一级伤残为27个月的本人工资，二级伤残为25个月的本人工资，三级伤残为23个月的本人工资，四级伤残为21个月的本人工资。

（2）从工伤保险基金按月支付伤残津贴，标准为：一级伤残为本人工资的90％，二级伤残为本人工资的85％，三级伤残为本人工资的80％，四级伤残为本人工资的75％。伤残津贴实际金额低于当地最低工资标准的，由工伤保险基金补足差额。

（3）工伤职工达到退休年龄并办理退休手续后，停发伤残津贴，按照国家有关规定享受基本养老保险待遇。基本养老保险待遇低于伤残津贴的，由工伤保险基金补足差额。职工因工致残被鉴定为一级至四级伤残的，由用人单位和职工个人以伤残津贴为基数，缴纳基本医疗保险费。

职工因工致残被鉴定为五级、六级伤残的，享受以下待遇：

（1）从工伤保险基金按伤残等级支付一次性伤残补助金，标准为：五级伤残为18个月的本人工资，六级伤残为16个月的本人工资。

（2）保留与用人单位的劳动关系，由用人单位安排适当工作。难以安排工作的，由用人单位按月发给伤残津贴，标准为：五级伤残为本人工资的70％，六级伤残为本人工资的60％，并由用人单位按照规定为其缴纳应缴纳的各项社会保险费。伤残津贴实际金额低于当地最低工资标准的，由用人单位补足差额。经工伤职工本人提出，该职工可以与用人单位解除或者终止劳动关系，由工伤保险基金支付一次性工伤医疗补助金，由用人单位支付一次性伤残就业补助金。

职工因工致残被鉴定为七级至十级伤残的，享受以下待遇：

(1)从工伤保险基金按伤残等级支付一次性伤残补助金，标准为：七级伤残为 13 个月的本人工资，八级伤残为 11 个月的本人工资，九级伤残为 9 个月的本人工资，十级伤残为 7 个月的本人工资。

(2)劳动、聘用合同期满终止，或者职工本人提出解除劳动、聘用合同的，由工伤保险基金支付一次性工伤医疗补助金，由用人单位支付一次性伤残就业补助金。

5. 职工因工死亡的丧葬补助金、抚恤金和一次性工亡补助金。职工因工死亡，其近亲属按照下列规定从工伤保险基金领取丧葬补助金、供养亲属抚恤金和一次性工亡补助金：

(1)丧葬补助金为 6 个月的统筹地区上年度职工月平均工资。

(2)供养亲属抚恤金按照职工本人工资的一定比例发给由因工死亡职工生前提供主要生活来源、无劳动能力的亲属。标准为：配偶每月 40％，其他亲属每人每月 30％，孤寡老人或者孤儿每人每月在上述标准的基础上增加 10％。核定的各供养亲属的抚恤金之和不应高于因工死亡职工生前的工资。

(3)一次性工亡补助金标准为上一年度全国城镇居民人均可支配收入的 20 倍。伤残职工在停工留薪期内因工伤导致死亡的，其近亲属享受以上规定的待遇。一级至四级伤残职工在停工留薪期满后死亡的，其近亲属可以享受以上第(1)项、第(2)项规定的待遇。

(七)针对建筑行业特点的工伤保险制度

2014 年 12 月人力资源和社会保障部、住房和城乡建设部、安全监管总局、全国总工会颁发的《关于进一步做好建筑业工伤保险工作的意见》提出，针对建筑行业的特点，建筑施工企业对相对固定的职工，应按用人单位参加工伤保险；对不能按用人单位参保、建筑项目使用的建筑业职工特别是农民工，按项目参加工伤保险。

未参加工伤保险的建设项目，职工发生工伤事故，依法由职工所在用人单位支付工伤保险待遇，施工总承包单位、建设单位承担连带责任。

（八）建筑意外伤害保险的规定

1. 建筑意外伤害保险的范围、保险期限和最低保险金额。建筑施工企业应当为施工现场从事施工作业和管理的人员，在施工活动过程中发生的人身意外伤亡事故提供保障，办理建筑意外伤害保险、支付保险费。范围应当覆盖工程项目。已在企业所在地参加工伤保险的人员，从事现场施工时仍可参加建筑意外伤害保险。保险期限应涵盖工程项目开工之日到工程竣工验收合格日。提前竣工的，保险责任自行终止。因延长工期的，应当办理保险顺延手续。

2. 建筑意外伤害保险的保险费和费率。保险费应当列入建筑安装工程费用。保险费由施工企业支付，施工企业不得向职工摊派。施工企业和保险公司双方应本着平等协商的原则，根据各类风险因素商定建筑意外伤害保险费率，提倡差别费率和浮动费率。差别费率可与工程规模、类型、工程项目风险程度和施工现场环境等因素挂钩。浮动费率可与施工企业安全生产业绩、安全生产管理状况等因素挂钩。

3. 建筑意外伤害保险的投保。施工企业应在工程项目开工前，办理完投保手续。鉴于工程建设项目施工工艺流程中各工种调动频繁、用工流动性大，投保应实行不记名和不计人数的方式。工程项目中有分包单位的由总承包施工企业统一办理，分包单位合理承担投保费用。

第五节　违法行为应承担的法律责任

一、施工现场安全防护违法行为应承担的法律责任

《建设工程安全生产管理条例》规定，施工单位有下列行为之一的，责令限期改正；逾期未改正的，责令停业整顿，并处 5 万元以上 10 万元以下的罚款；造成重大安全事故，构成犯罪的，对直接责任人员，依照刑法有关规定追究刑事责任：

（一）施工前未对有关安全施工的技术要求作出详细说明的。

（二）未根据不同施工阶段和周围环境及季节、气候的变化，在施工现场采取相应的安全施工措施，或者在城市市区内的建设工程的施工现场未实行封闭围挡的。

（三）在尚未竣工的建筑物内设置员工集体宿舍的。

（四）施工现场临时搭建的建筑物不符合安全使用要求的。

（五）未对因建设工程施工可能造成损害的毗邻建筑物、构筑物和地下管线等采取专项防护措施的。

施工单位有以上规定第（四）项、第（五）项行为，造成损失的，依法承担赔偿责任。

施工单位有下列行为之一的，责令限期改正；逾期未改正的，责令停业整顿，并处 10 万元以上 30 万元以下的罚款；情节严重的，降低资质等级，直至吊销资质证书；造成重大安全事故，构成犯罪的，对直接责任人员，依照刑法有关规定追究刑事责任；造成损失的，依法承担赔偿责任：

（一）安全防护用具、机械设备、施工机具及配件在进入施工现场前未经查验或者查验不合格即投入使用的。

（二）使用未经验收或者验收不合格的施工起重机械和整体提升脚手架、模板等自升式架设设施的。

（三）委托不具有相应资质的单位承担施工现场安装、拆卸施工起重机械和整体提升脚手架、模板等自升式架设设施的。

（四）在施工组织设计中未编制安全技术措施、施工现场临时用电方案或者专项施工方案的。

二、施工单位安全费用违法行为应承担的法律责任

《建设工程安全生产管理条例》规定，施工单位挪用列入建设工程概算的安全生产作业环境及安全施工措施所需费用的，责令限期改正，处挪用费用 20％以上 50％以下的罚款；造成损失的，依法承担赔偿责任。

第五章　建设工程安全生产事故应急救援与调查处理

第一节　生产安全事故的等级划分标准

根据生产安全事故(以下简称事故)造成的人员伤亡或者直接经济损失，事故一般分为以下等级。

一、特别重大事故

特别重大事故是指造成 30 人以上死亡，或者 100 人以上重伤(包括急性工业中毒，下同)，或者 1 亿元以上直接经济损失的事故。

二、重大事故

重大事故是指造成 10 人以上 30 人以下死亡，或者 50 人以上 100 人以下重伤，或者 5000 万元以上 1 亿元以下直接经济损失的事故。

三、较大事故

较大事故是指造成 3 人以上 10 人以下死亡，或者 10 人以上 50 人以下重伤，或者 1000 万元以上 5000 万元以下直接经济损失的事故。

四、一般事故

一般事故是指造成 3 人以下死亡，或者 10 人以下重伤，或者 1000

万元以下直接经济损失的事故。

所称的"以上"包括本数，所称的"以下"不包括本数。

第二节　施工生产安全事故应急救援预案的规定

一、施工生产安全事故应急救援预案的编制

《建设工程安全生产管理条例》规定，施工单位应当根据建设工程施工的特点、范围，对施工现场易发生重大事故的部位、环节进行监控，制定施工现场生产安全事故应急救援预案。

二、施工生产安全事故应急救援预案的评审和备案

《生产安全事故应急预案管理办法》规定，建筑施工企业应当组织专家对本单位编制的应急预案进行评审。评审应当形成书面纪要并附有专家名单。施工单位的应急预案经评审后，由施工单位主要负责人签署公布。

中央企业总部(上市公司)的应急预案，报国务院主管的负有安全生产监督管理职责的部门备案、并抄送国家安全生产监督管理总局；其所属单位的应急预案报所在地的省、自治区、直辖市或者设区的市人民政府主管的负有安全生产监督管理职责的部门备案并抄送同级安全生产监督管理部门。其他生产经营单位中涉及实行安全生产许可的，其综合应急预案和专项应急预案，按照隶属关系报所在地县级以上地方人民政府安全生产监督管理部门和有关主管部门备案。

三、施工生产安全事故应急预案的培训和演练

生产经营单位应当制订本单位的应急预案演练计划，根据本单位的事故预防重点，每年至少组织一次综合应急预案演练或者专项应急预案演练，每半年至少组织一次现场处置方案演练。应急预案演练结束后，

应急预案演练组织单位应当对应急预案演练效果进行评估，撰写应急预案演练评估报告，分析存在的问题，并对应急预案提出修订意见。

四、施工生产安全事故应急预案的修订

生产经营单位制定的应急预案应当至少每三年修订一次，预案修订情况应有记录并归档。有下列情形之一的，应急预案应当及时修订：

（一）生产经营单位因兼并、重组、转制等导致隶属关系、经营方式、法定代表人发生变化的。

（二）生产经营单位生产工艺和技术发生变化的。

（三）周围环境发生变化，形成新的重大危险源的。

（四）应急组织指挥体系或者职责已经调整的。

（五）依据的法律、法规、规章和标准发生变化的。

（六）应急预案演练评估报告要求修订的。

（七）应急预案管理部门要求修订的。

五、施工总分包单位的职责分工

《建设工程安全生产管理条例》规定，实行施工总承包的，由总承包单位统一组织编制建设工程生产安全事故应急救援预案，工程总承包单位和分包单位按照应急救援预案，各自建立应急救援组织或者配备应急救援人员，配备救援器材、设备，并定期组织演练。

第三节　施工生产安全事故报告及采取相应措施的规定

施工单位发生生产安全事故，应当按照国家有关伤亡事故报告和调查处理的规定，及时、如实地向负责安全生产监督管理的部门、建设行政主管部门或者其他有关部门报告；特种设备发生事故的，还应当同时向特种设备安全监督管理部门报告。实行施工总承包的建设工程，由总

承包单位负责上报事故。

一、施工生产安全事故报告的基本要求

（一）事故报告的时间要求

《生产安全事故报告和调查处理条例》规定，事故发生后，事故现场有关人员应当立即向本单位负责人报告；单位负责人接到报告后，应当于一小时内向事故发生地县级以上人民政府安全生产监督管理部门和负有安全生产监督管理职责的有关部门报告。情况紧急时，事故现场有关人员可以直接向事故发生地县级以上人民政府安全生产监督管理部门和负有安全生产监督管理职责的有关部门报告。

（二）事故报告的内容要求

《生产安全事故报告和调查处理条例》规定，报告事故应当包括下列内容：

①事故发生单位概况；②事故发生的时间、地点以及事故现场情况；③事故的简要经过；④事故已经造成或者可能造成的伤亡人数（包括下落不明的人数）和初步估计的直接经济损失；⑤已经采取的措施；⑥其他应当报告的情况。

（三）事故补报的要求

《生产安全事故报告和调查处理条例》规定，事故报告后出现新情况的，应当及时补报。自事故发生之日起 30 日内，事故造成的伤亡人数发生变化的，应当及时补报。道路交通事故、火灾事故自发生之日起七日内，事故造成的伤亡人数发生变化的，应当及时补报。

二、发生施工生产安全事故后应采取的相应措施

（一）组织应急抢救工作

《生产安全事故报告和调查处理条例》规定，事故发生单位负责人接到事故报告后，应当立即启动事故相应应急预案，或者采取有效措施，组织抢救，防止事故扩大，减少人员伤亡和财产损失。

（二）妥善保护事故现场

《生产安全事故报告和调查处理条例》规定，事故发生后，有关单位和人员应当妥善保护事故现场以及相关证据，任何单位和个人不得破坏事故现场、毁灭相关证据。因抢救人员、防止事故扩大以及疏通交通等原因，需要移动事故现场物件的，应当做出标志，绘制现场简图并做出书面记录，妥善保存现场重要痕迹、物证。

三、施工生产安全事故的调查

（一）事故调查的管辖

《生产安全事故报告和调查处理条例》规定，特别重大事故由国务院或者国务院授权有关部门组织事故调查组进行调查。重大事故、较大事故、一般事故分别由事故发生地省级人民政府、设区的市级人民政府、县级人民政府负责调查。

（二）事故调查组的组成与职责

事故调查组的组成应当遵循精简、效能的原则。根据事故的具体情况，事故调查组由有关人民政府、安全生产监督管理部门、负有安全生产监督管理职责的有关部门、监察机关、公安机关以及工会派人组成，并应当邀请人民检察院派人参加。事故调查组可以聘请有关专家参与调查。

事故调查组成员应当具有事故调查所需要的知识和专长，并与所调查的事故没有直接利害关系。事故调查组组长由负责事故调查的人民政府指定。事故调查组组长主持事故调查组的工作。

事故调查组履行下列职责：

①查明事故发生的经过、原因、人员伤亡情况及直接经济损失；②认定事故的性质和事故责任；③提出对事故责任者的处理建议；④总结事故教训，提出防范和整改措施；⑤提交事故调查报告；⑥事故调查组的权利与纪律。

事故调查组有权向有关单位和个人了解与事故有关的情况，并要求其提供相关文件和资料，有关单位和个人不得拒绝。事故发生单位的负责人和有关人员在事故调查期间不得擅离职守，并应当随时接受事故调查组的询问，如实提供有关情况。事故调查中发现涉嫌犯罪的，事故调查组应当及时将有关材料或者其复印件移交司法机关处理。

（三）事故调查报告的期限与内容

事故调查组应当自事故发生之日起 60 日内提交事故调查报告；特殊情况下，经负责事故调查的人民政府批准，提交事故调查报告的期限可以适当延长，但延长的期限最长不超过 60 日。

事故调查报告应当包括下列内容：

①事故发生单位概况；②事故发生经过和事故救援情况；③事故造成的人员伤亡和直接经济损失；④事故发生的原因和事故性质；⑤事故责任的认定以及对事故责任者的处理建议；⑥事故防范和整改措施。事故调查报告应当附具有关证据材料。事故调查组成员应当在事故调查报告上签名。

四、生产安全事故的处理

《生产安全事故报告和调查处理条例》规定，重大事故、较大事故、一般事故，负责事故调查的人民政府应当自收到事故调查报告之日起 15 日内做出批复；特别重大事故，30 日内做出批复，特殊情况下，批复时间可以适当延长，但延长的时间最长不超过 30 日。

事故发生单位需作出防范和整改措施。

第四节　违法行为应承担的法律责任

一、未制定事故应急救援预案违法行为应承担的法律责任

未制定事故应急救援预案违法行为应承担的法律责任：可以处 10

万元以下的罚款；逾期未改正的，责令停产停业整顿，并处 10 万元以上 20 万元以下的罚款，对其直接负责的主管人员和其他直接责任人员处 2 万元以上 5 万元以下的罚款。

二、事故报告及采取相应措施违法行为应承担的法律责任

《生产安全事故报告和调查处理条例》规定，事故发生单位及其有关人员有下列行为之一的，对事故发生单位处 100 万元以上 500 万元以下的罚款；对主要负责人、直接负责的主管人员和其他直接责任人员处上一年年收入 60％至 100％的罚款；属于国家工作人员的，并依法给予处分；构成违反治安管理行为的，由公安机关依法给予治安管理处罚；构成犯罪的，依法追究刑事责任：

(1)谎报或者瞒报事故的。

(2)伪造或者故意破坏事故现场的。

(3)转移、隐匿资金、财产，或者销毁有关证据、资料的。

(4)拒绝接受调查或者拒绝提供有关情况和资料的。

(5)在事故调查中作伪证或者指使他人作伪证的。

(6)事故发生后逃匿的。

《刑法》第一百三十九条规定，在安全事故发生后，负有报告职责的人员不报或者谎报事故情况，贻误事故抢救，情节严重的，处三年以下有期徒刑或者拘役；情节特别严重的，处三年以上七年以下有期徒刑。

三、事故责任单位及主要负责人应承担的法律责任

发生生产安全事故，对负有责任的生产经营单位除要求其依法承担相应的赔偿等责任外，由安全生产监督管理部门依照下列规定处以罚款：

(1)发生一般事故的，处 20 万元以上 50 万元以下的罚款。

(2)发生较大事故的，处 50 万元以上 100 万元以下的罚款。

(3)发生重大事故的，处 100 万元以上 500 万元以下的罚款。

(4)发生特别重大事故的，处 500 万元以上 1000 万元以下的罚款；情节特别严重的，处 1000 万元以上 2000 万元以下的罚款。

事故发生单位主要负责人未依法履行安全生产管理职责，导致事故发生的，依照下列规定处以罚款；属于国家工作人员的，并依法给予处分；构成犯罪的，依法追究刑事责任：

(1)发生一般事故的，处上一年年收入 30％的罚款。

(2)发生较大事故的，处上一年年收入 40％的罚款。

(3)发生重大事故的，处上一年年收入 60％的罚款。

(4)发生特别重大事故的，处上一年年收入 80％的罚款。

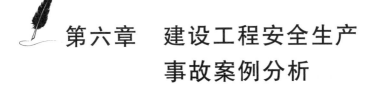

第六章 建设工程安全生产事故案例分析

第一节 建设工程安全生产事故分类、特点及原因

根据《企业职工伤亡事故分类》规定：

在建设工程安全生产领域，安全生产事故是指在工程建设生产活动过程中发生的一个或一系列意外的，可导致人员伤亡、建筑物或设备损毁及财产损失的事件。按伤亡事故类别分类，可以分为以下几类，即物体打击、车辆伤害、机械伤害、起重伤害、电、淹溺、灼烫、火灾、高处坠落、坍塌、冒顶片帮、透水、放炮、瓦斯爆炸、火药爆炸、锅炉爆炸、容器爆炸、其他爆炸、中毒和窒息以及其他伤害。

下面，着重对几大易发多发事故进行案例分析。

一、建设工程安全生产事故的特点

（一）严重性建设工程施工事故，其影响往往较大，会直接导致人员伤亡或财产损失，给广大人民生命和财产带来巨大损失，重大施工事故会导致群死群伤或巨大财产损失。一旦发生施工事故，其造成的损失将无法挽回。

（二）复杂性建设工程施工生产的特点，决定了影响其安全生产的因素很多，造成工程施工事故的原因错综复杂。即使是同一类施工事故，其发生原因也可能会多种多样，这给分析、判断事故性质、原因等增加了难度。

（三）可变性建设工程施工中的事故隐患有可能随着时间而不断地发展、恶化，若不及时整改和处理，往往会发展成为严重或重大施工事故。

（四）多发性建设工程中的施工事故，往往在建设工程的某些部位、工序或作业活动中经常发生，例如，物体打击事放、触电事故、高处坠落事故、坍塌事故、起重机械事故、中毒事故等。

二、建设工程安全事故产生原因

（一）人员的因素

人是施工活动的主体，也是工程项目建设的决策者、管理者、操作者，工程建设的全过程都是通过人来完成的。人员的素质，即人的文化水平、技术水平、决策能力、管理能力、组织能力、作业能力、控制能力、身体素质及职业道德等，都将直接和间接地对安全生产产生影响。

（二）违章作业

由于没有制定安全技术措施、缺乏安全技术知识、不进行逐级安全技术交底，安全生产责任制不落实，违章指挥，违章作业，导致施工安全管理工作不到位。

（三）设计缺陷

不按照法律、法规和工程建设强制性标准进行设计，导致设计不合理；对涉及施工安全的重点部位和环节在设计文件中未注明，未对防范生产安全事故提出指导意见；采用新结构、新材料、新工艺的建设工程和特殊结构的建设工程，未提出保障施工作业人员安全和预防生产安全事故的措施和建议等。

（四）勘察文件失真

勘察单位未认真进行地质勘察或勘探的钻孔布置、钻孔深度等不符合规定要求，勘察文件或报告不详细，不准确，不能真实全面地反映实际的地下情况等。

（五）工具、材料等不合格

使用不合格的安全防护用具、安全材料、机械设备、施工机具及配件等。

（六）安全生产资金投入不足

施工单位为了追求经济效益，置安全生产于不顾，挤占安全生产费用，致使在工程投入中用于安全生产的资金过少，不能保证正常安全生产措施的需要。

（七）违法违规行为

违法违规行为包括无证设计、无证施工，越级设计、越级施工，边设计、边施工，违法分包、转包，擅自修改设计等。

（八）环境因素

包括工程自然环境因素，如气候恶劣；工程管理环境因素，如安全生产监督制度不健全，缺少日常的具体监督管理制度和措施；安全生产责任不够明确等。

第二节　高处坠落事故

高处坠落事故是由高处作业引起的，故可以根据高处作业的基本形式对高处坠落事故进行简单的分类。根据《高处作业分级》（GB/T 3608—2008）的规定，凡在坠落高度基准面 2 米以上（含 2 米）有可能坠落的高处进行的作业，均称为高处作业。根据高处作业者工作时所处的部位不同，高处作业坠落事故可分为：

1. 临边作业高处坠落事故。

2. 洞口作业高处坠落事故。

3. 攀登作业高处坠落事故。

4. 悬空作业高处坠落事故。

5. 操作平台作业高处坠落事故。

6. 交叉作业高处坠落事故等。

案例分析

案例1　某风景区重大建筑施工事故

2012年9月13日13时10分，某风景区在建楼C区7—1号楼建筑工地，发生一起施工升降机坠落造成19人死亡的重大建筑施工事故，造成直接经济损失约1800万元。

一、事故发生经过

2012年9月13日11时30分，升降机司机李某将C7—1号楼施工升降机左侧吊笼停在下终端站，像往常一样锁上电锁拔出钥匙，关上护栏门后下班。当日13时10分许，在李某正常午休期间，该楼顶楼施工的19名工人擅自将停在下终端站的C7—1号楼施工升降机左侧吊笼打开，携施工工具进入左侧吊笼，操作施工升降机上升。该吊笼运行至33层顶楼平台附近时突然倾翻，连同导轨架及顶部4节标准节一起坠落地面，造成吊笼内19人当场死亡。

二、事故原因分析及事故性质认定

（一）直接原因

经调查认定，事故发生时，事故施工升降机导轨架第66和67节标准节连接处的4个连接螺栓中，只有左侧两个螺栓处于有效连接状态，而右侧（受力边）两个螺栓连接失效无法受力。在此工况下，事故升降机左侧吊笼超过备案额定承载人数（12人），承载19人和约245公斤物件，上升到第66节标准节上部（33楼顶部）接近平台位置时，产生的倾翻力矩大于对重体、导轨架等固有的平衡力矩，造成事故施工升降机左侧吊笼顷刻倾翻，并连同67～70节标准节坠落地面。

（二）间接原因

1. 事故发生单位未落实企业安全生产主体责任，未落实安全生产责任制，未与项目部签订安全生产责任书；安全生产管理制度不健全、

不落实，培训教育制度不落实，未建立安全隐患排查整治制度；对施工和施工升降机安装使用的安全生产检查和隐患排查流于形式，未能及时发现和整改事故施工升降机存在的重大安全隐患。

2. 违规进场施工，且施工过程中忽视安全管理，现场管理混乱，并存在非法转包情况；未对施工升降机加节进行申报和验收，并擅自使用；联系购买并使用伪造的建筑施工特种作业操作资格证；对施工人员私自操作施工升降机的行为，批评教育不够，制止管控不力。

3. 建设管理单位不具备工程建设管理资质，在未履行相关招投标程序的情况下，违规组织施工、允许监理单位进场开工。未经规划部门许可和放、验红线，擅自要求施工方以前期勘测的三个测量控制点作为依据，进行放线施工；在建筑规划方案之外违规多建一栋两单元住宅用房；在施工过程中违规组织虚假招投标活动。

4. 监理单位安全生产主体责任不落实，未与分公司、监理部签订安全生产责任书，安全生产管理制度不健全，落实不到位；公司内部管理混乱，对分公司管理、指导不到位，未督促分公司建立健全安全生产管理制度。

5. 建设单位违反有关规定选择无资质的项目建设管理单位；对项目建设管理单位、施工单位、监理单位落实安全生产工作监督不到位。

6. 建设主管部门组织领导不力，监督检查不到位；未能及时发现并制止项目违法施工行为。在该项目无《建设工程规划许可证》《建筑工程施工许可证》的情况下，未能有效制止违法施工，对参建各方安全监管不到位。对工程安全隐患排查、起重机械安全专项大检查的工作贯彻执行不力，未能及时有效督促参建各方认真开展自查自纠和整改，致使事故施工升降机存在的重大安全隐患未及时得到排查整改。

7. 城管执法部门作为全市违法建设行为监督执法部门，在接到项目违法施工举报后，没有严格执法，虽然对该项目下达了《违法通知书》《违法建设停工通知书》《违法建设拆除通知书》《强制拆除决定书》，但没有严格执行，没有督促有关单位停工补办相关手续，使得该项目得以继续违法施工。

8. 项目区域行政管理工作的机构，未认真贯彻落实安全生产责任制，未正确领导项目参建各方严格执行国家、省、市有关安全生产法律法规和文件精神。

三、事故防范和整改措施建议

（一）牢固树立以人为本、安全发展的理念

牢固树立和落实安全发展理念，坚持"安全第一、预防为主、综合治理"方针，从维护人民生命财产安全的高度，充分认识加强建筑安全生产工作的重要性，正确处理安全与发展、安全与速度、安全与效率、安全与效益的关系，始终坚持把安全放在第一的位置、始终把安全作为发展前提，以人为本，绝不能重速度而轻安全。

（二）切实落实建筑业企业安全生产主体责任

要进一步强化建筑业企业安全生产主体责任。要强化企业安全生产责任制的落实，企业要建立健全安全生产管理制度，将安全生产责任落实到岗位，落实到个人，用制度管人、管事；建设单位和建设工程项目管理单位要切实强化安全责任，督促施工单位、监理单位和各分包单位加强施工现场安全管理；施工单位要依法依规配备足够的安全管理人员，严格现场安全作业，尤其要强化对起重机械设备安装、使用和拆除全过程安全管理；施工总承包单位和分包单位要强化协作，明确安全责任和义务，确保生产安全有人管、有人负责；监理单位要严格履行现场安全监理职责，按需配备足够的、具有相应从业资格的监理人员，强化对起重机械设备安装、使用和拆除等危险性较大项目的监理。各参建单位，特别是建筑机械设备经营单位要严格落实有关建筑施工起重机械设备安装、使用和拆除规定，做到规范操作、严格验收，加强使用过程中的经常性和定期检查、紧固并记录。严格落实特种作业持证上岗规定，严禁无证操作。

（三）切实落实工程建设安全生产监管责任

政府及有关行业管理部门要严格落实安全生产监管责任。要深入开展建筑行业"打非治违"工作，对违规出借资质、转包、分包工程，违规招投标，违规进行施工建设的行为要严厉打击和处理。要加强对企业和施工现场的安全监管，根据监管工程面积，合理确定监管人员数量。进一步明确监管职责，尽快建立健全安全管理规章制度体系，制定更加有针对性的防范事故的制度和措施，提出更加严格的要求，坚决遏制重特大事故发生。

（四）切实加强安全教育培训工作

加强对建筑从业人员和安全监管人员的安全教育与培训，提高建筑从业人员和安全监管人员安全意识；要针对建筑施工人员流动性大的特点，强化从业人员安全技术和操作技能教育培训，落实"三级安全教育"，注重岗前安全培训，做好施工过程安全交底，开展经常性安全教育培训；要强化对关键岗位人员履职方面的教育管理和监督检查，重点加强对起重机械、脚手架、高空作业以及现场监理、安全员等关键设备、岗位和人员的监督检查，严格实行特种作业人员必须经培训考核合格，持证上岗制度。

（五）切实加强建设工程管理工作

切实加强建设工程行政审批工作的管理。要进一步规范行政审批行为，对建设工程用地、规划、报建等行政许可事项，严格按照国家有关规定和要求办理，杜绝未批先建，违建不管的非法违法建设行为。国土资源部门要进一步加强土地使用管理和执法监察工作，严肃查处土地违法行为；规划部门要加强建设用地和工程规划管理，严格依法审批，进一步加强对规划技术服务和放、验红线工作的管理；建设部门要加强工程建设审批，严格报建程序，坚决杜绝未批先建现象发生；城管部门要加大巡查力度，严格依法查处违法建设行为。要严格工程招投标管理，杜绝虚假招投标等违法行为。要进一步建立健全建设工程行政审批管理制度和责任追究制度，主动接受社会监督，实行全过程阳光操作，确保程序和结果公开、公平、公正。

案例 2 某水电站重建工程高处坠落事故

2015 年 5 月 31 日 13 时，某公司在某水电站重建工程泄洪兼导流洞出口闸室施工过程中，发生一起高处坠落生产安全事故，一名工人在拆除启闭机操作间墙体模板作业过程中从高空坠落地面死亡。

一、事故发生经过

2015 年 5 月 31 日 13 时，某公司员工刘某、张某、王某等六人，在某水电站重建工程泄洪兼导流洞出口闸室 215 梁板支撑平台拆除启闭机操作间墙体模板作业。刘某在撬动模板过程中从 21.5 米高的梁板支撑平台坠落至地面，送往医院抢救无效后死亡。

二、事故发生的原因和事故性质

（一）直接原因

力工刘某安全意识不强，违章作业，未系安全带，从 21.5 米高的梁板作业平台坠落至地面是造成这起事故的直接原因。

（二）间接原因

1. 某公司现场安全管理混乱，高处作业施工现场没有采取有效的安全防护措施。

2. 某公司及其负责人没有履行安全生产职责，施工现场隐患排查不到位，没能及时发现并制止工人的违章操作行为。

（三）事故性质

经调查认定，这是一起生产安全责任事故。事故等级为一般生产安全事故。

三、事故责任的认定以及对事故责任者的处理建议

（一）某公司违反了《中华人民共和国安全生产法》第四条：生产经营单位必须遵守本法和其他有关安全生产的法律、法规，加强安全生产管理，建立、健全安全生产责任制度和安全生产规章制度，改善安全生产条件，推进安全生产标准化建设，提高安全生产水平，确保安全生产。第二十二条：生产经营单位的安全管理机构以及安全管理人员履行下列

职责，第五项检查本单位的安全生产状况，及时排查生产安全事故隐患，提出改进安全生产管理的建议；第六项制止和纠正违章指挥、强令冒险作业、违反操作规程的行为。第二十四条：危险物品的生产、经营、储存单位以及矿山、金属冶炼、建筑施工、道路运输单位的主要负责人和安全生产管理人员，应当由主管的负有安全生产监督管理职责的部门对其安全生产知识和管理能力考核合格。第四十一条：生产经营单位应当教育和督促从业人员严格执行本单位的安全生产规章制度和安全操作规程，并向从业人员如实告知作业场所和工作岗位存在的危险因素、防范措施以及事故应急措施。第四十二条：生产经营单位必须为从业人员提供符合国家标准或者行业标准的劳动防护用品，并监督、教育从业人员按照使用规则佩戴、使用。某公司作为这起事故责任主体，依据《中华人民共和国安全生产法》第一百零九条：发生生产安全事故，对负有责任的生产经营单位除要求其依法承担相应的赔偿等责任外，由安全生产监督管理部门依照下列规定处以罚款：发生一般事故的，处二十万元以上五十万元以下的罚款，建议对某公司予以行政罚款处罚。

（二）该公司项目现场负责人付某，违反了《中华人民共和国安全生产法》第十八条：生产经营单位的主要负责人对本单位安全生产工作负有下列职责：第二项，组织制定本单位安全生产规章制度和操作规程；第五项，督促、检查本单位的安全生产工作，及时消除生产安全事故隐患。付某对这起事故的发生负有管理责任。依据《中华人民共和国安全生产法》第九十二条：生产经营单位的主要负责人未履行本法规定的安全生产管理职责，导致发生生产安全事故的，由安全生产监督管理部门依照下列规定处以罚款：发生一般事故的，处上一年年收入百分之三十的罚款。建议对该公司项目现场负责人付某予以行政罚款处罚。

四、事故防范和整改措施

（一）某公司应根据国家相关法律、法规和规范要求，严格落实企业安全生产主体责任，全面进行隐患排查，加强安全管理，确保安全生产。

（二）某公司要认真履行安全生产工作职责，加强对从业人员的安全培训教育，提高从业人员安全意识。

（三）某公司要立即全面检查施工现场安全隐患，特别是现场工人劳动防护用品佩戴方面，对检查出的问题要及时解决，防止同类事故再次发生。

五、高处坠落事故预防措施

（一）严格规章制度，提高违章的成本，对于施工现场的"三违"（违章指挥、违章作业、违反劳动纪律）行为必须进行严格的惩罚，通过大幅度提高违章成本，可以使责任单位和人员意识到违章后果严重、成本高，以杜绝他们冒险作业的念头。

（二）定期对从事高处作业的人员进行健康检查，一旦发现有高处作业的人员患有疾病或存在生理缺陷，应当调离岗位。

（三）增加对高处作业人员的安全教育频率。除了对高处作业人员进行安全技术知识教育外，还应组织高处作业人员观看一些高处坠落事故的案例，让其时刻牢记注意自身的安全，以提高他们的安全意识和自身防护能力。

（四）寻找高处坠落事故的发生规律，对高处作业人员进行有针对性的教育和控制。如在节假日前后、季节变化施工前、工程收尾阶段等作业人员人心比较散漫时进行针对性教育，并组织开展高处坠落的专项检查，通过检查及时将各种不利因素、事故苗头消灭在萌芽状态。

（五）加大现场安全检查的密度，及时纠正违章行为，通过安全巡检、周检、专项检查对在高处作业中违反安全技术操作规程的人员和违反劳动纪律的行为进行纠正，彻底改变作业人员习惯性违章的行为。

（六）把好入场关，安全帽、安全带、安全网等防护用品的证件必须齐全，在入场之前，必须按照要求进行抽检和验收，为了确保防护用品的质量，必要时应按照规定进行试验，不合格的产品，不得进入现场使用。

（七）把好验收关，临边、洞口、电梯井、脚手架等防护设施在使用之前必须按照要求组织验收，验收时相关负责人要履行签字手续，验收合格后才能投入使用。

（八）抓好责任落实，安全防护设施的管理要责任到人，临边、洞口以及脚手架等防护设施必须指定专人负责管理，发现有损坏、挪动、达不到强度要求时要及时进行修复。

（九）抓好动态管理，现场施工的安全管理是个动态管理，安全防护设施的安全管理必须采取行之有效的措施。工程进入后期施工时，部分安全防护设施区域要进行施工作业，这就需要临时拆除防护设施，防护设施的拆除必须经现场安全负责人批准，并且在施工完毕后必须及时、有效地将安全防护设施恢复，并且在防护设施拆除以后必须有临时的防护设施，临时防护设施要满足强度要求。

（十）抓好特殊部位的管理，如超过 25°屋面，必须采取防滑措施；在屋面上从事檐口作业时，容易造成身体失衡；檐口构件不牢，容易被踩断，作业人员必须按照要求佩戴安全防护用品，并且要确保周围的防护设施牢固可靠。

（十一）企业要建立健全安全生产责任制，详细制订各种安全生产规章制度和操作规程。

（十二）现场高处作业必须严格按照要求编制专项方案，一般的高处作业要编制针对性、指导性强的专项方案，且方案必须按照程序进行审批；对于危险性较大的工程如高大模板工程、30 米以上的高空作业专项方案还必须组织专家组对已编制的专项方案进行论证审查。

（十三）要重视教育、交底工作，现场在进行高处作业前，必须对相关人员进行教育，针对作业中将出现的不安全因素、危险源等对作业人员进行交底，保证作业人员的安全。

（十四）重视施工现场的安全检查、整改措施，作业中注意检查高处作业人员是否严格遵守安全技术操作规程，是否按高处作业方案的相关要求去作业，现场的安全防护设施是否齐全有效，高处作业人员是否按规定佩戴安全防护用品等，针对检查中出现的问题必须严格按照"三定"（定人员、定时间、定措施）的措施落实整改。

（十五）禁止在大雨、大雪及六级以上大风等恶劣天气从事露天悬空高处作业，大风、大雨、大雪天气过后应组织现场人员对脚手架、各种防护设施进行专项安全检查，确保安全后才能继续使用。

（十六）夜间、照明光线不足时，不得从事悬空高处作业。

第三节　坍塌事故

坍塌事故类型主要有：土方坍塌、脚手架坍塌、模板坍塌、拆除工程的坍塌及建筑物坍塌。前四种一般发生在施工作业中，第五种一般发生在使用过程中。

案例分析

案例 1　某隧道坍塌事故

2014 年 7 月 28 日 12 时 30 分，某高速公路扩能工程第 13 合同段墩梁隧道在施工过程中突然发生坍塌，造成三人死亡，直接经济损失 280 万元。

一、事故发生经过及应急处置情况

（一）事故经过

2014 年 7 月 28 日 12 时 15 分，施工人员朱某、马某、杨某、朱某某等四人进入墩梁隧道左线，在隧道出口先行（左）导坑上台阶处安装中壁墙型钢临时支撑作业。朱某在台车上处理顶部松土，朱某某、马某、杨某三人在台车下挖拱角。12 时 30 分，距离隧道口 90m，距掌子面 15m 的隧道拱顶上方黄土突然发生坍塌，导致朱某某、马某、杨某三人被坍塌体掩埋，朱某借助台车逃生而幸免于难。

（二）抢险救援情况

1. 施工单位内部应急处置情况。事故发生后，某公司某高速公路扩能工程 LJ-13 合同项目经理部立即启动《墩梁隧道施工应急预案》，现场成立了抢险救援、物资设备、技术保障、医疗保障、后勤保障等五个小组。为加快抢险救援进度，救援小组调集挖掘机 8 台、装载机 6 台和 160 余名抢险人员参与支护加固和坍体清理。某公司接到事故报告后，成立了由主管生产副总经理为组长，工程管理中心、安全质量管理中心、技术管理中心、某局西北稽查大队部门负责人及相关专家等抢险救援领导小组，于 7 月 28 日深夜赶到现场，参与抢险救援指导工作。经过不间断地抢险救援，7 月 29 日 10 时 40 分，将三名被埋人员救出并迅速送往当地县医院，经确认均已死亡。

2. 省、市、县政府及相关部门应急处置情况。接到报告后，县委、县政府立即启动应急预案，副县长带领公安、安监、交通、消防、卫生等部门相关人员赶赴现场，全力组织救援。接到报告后，市政府派出副市长带领市应急办、安监局有关人员，省安监局派出应急办和监管二处有关人员迅速赶到事故现场，指导应急抢险工作。

3. 事故报告情况。事故发生后，现场人员立即向项目经理部总工杨某报告情况。杨某接到报告后，立即向项目经理部副经理杨某某、项目经理部经理张某做了报告。14 时，项目经理部经理张某先后向公司副总经理王某、高速建设管理处工作组组长吴某、某高速建设管理处处长申某做了报告。

二、事故原因和性质

（一）直接原因

经调查认定，在墩梁隧道左线出口区域硬塑黄土夹古土壤层和黏土岩层的界面与隧道走向形成约 10°相交状况，且在两种地层结合界面处存有界面水，层间结合力差，极易发生脱层坍塌。洞身穿越的中更新统离石组黄土地层，黄土板结，几近成岩。受成因影响，该黄土地层在距隧道拱顶 2m 左右高度局部生成了约 5cm 厚度的水平状钙质结核层，将黏土岩水平切割，形成局部水平"断层"，黏结力下降，该隧道局部形成的埋深约 2m 的超浅埋不稳定结构突然脱离坍塌，是导致该起事故的直接原因。

（二）间接原因

1. 隧道处于 Q2eol 硬塑黄土夹古土壤层和 N2 黏土岩地层，隧道开挖的变形量较小。施工以来，监控量测数据显示拱顶累计最大沉降量 32mm，日沉降量最大为 3mm，水平收敛累计最大值为 27mm，日收敛量最大为 2.9mm，初期支护未出现裂纹、剥落掉块，表明隧道拱顶坍塌的发生具有突发性和不可预见性。

2. 墩梁隧道属大断面，开挖跨度较大，黏土岩自身强度较低，被水平状钙质结核层切割的黏土岩易发生坍塌。

3. 拱顶上部的水平状钙质结核层位于隧道顶部以上 2m，受目前地质预报手段(TSB 地质雷达超前预报、超前探孔等)的限制，对该水平状钙质结核层的存在，难以发现。

4. 某省交通规划设计研究院对 Q2eol 硬塑黄土夹古土壤层和 N2 黏土岩层的界面与隧道走向形成约 10°相交处一定范围的特殊地段，未细化设计，全隧单层超前小导管均采用外插角 7°设计，对此可能造成降低层间结合力的后果。

5. 某公司项目部对 Q2eol 硬塑黄土夹古土壤层和 N2 黏土岩层的界面与隧道走向形成约 10°相交状况的地质风险认知不足，依然按外插角 7°设计要求施工超前小导管，致使 Q2eol 硬塑黄土夹古土壤层和 N2 黏土岩层的界面受到扰动而脱层坍塌。

6. 某公司某高速公路扩能工程 LJ—13 合同项目经理部在开挖墩梁隧道左线出口先行(左)导坑上台阶时，对裸露围岩没有及时做到快速喷射砼封闭施工，导致外露黄土失水过多，黄土黏性减弱，自稳性削弱。

（三）事故暴露出安全管理方面存在的问题

1. 某高速公路扩能工程没有按照国务院、省政府、国家安全生产监督管理总局有关安全设施监督管理规定，履行安全"三同时"审批手

续，管理处安全管理履职不到位，对存在的安全隐患没有及时督促
整改。

2. 某建筑安装工程有限公司未认真执行生产经营单位三级安全教
育培训规定，对新进从业人员的岗前安全培训不到位。

3. 某公司某高速公路扩能工程 LJ—13 合同项目经理部在事故发生
后，未按《生产安全事故报告和调查处理条例》规定时限向县安监局报
告，没有按照交通部令 2007 年第 1 号要求，配足安全管理人员；安全
隐患整改不彻底，没有按照设计和施工组织设计要求及时做二衬。

4. 某路桥通国际工程咨询有限公司对施工安全缺乏有效监管，现
场监理人员安全意识淡薄，责任心不强，监理程序执行不力，没有认真
督促某公司项目部按照设计和施工组织设计及时做二衬。

5. 某省交通工程咨询公司对某路桥通国际工程咨询有限公司管理不
到位，没有认真督促该公司项目部按照设计和施工组织设计及时做二衬。

（四）事故性质

经调查认定，某高速公路扩能工程"7.28"隧道坍塌事故是一起生产
安全事故。

三、对事故有关责任人员及责任单位处理建议

（一）依据《生产经营单位安全培训规定》第二十九条规定，建议对某
第一建筑安装工程有限公司给予 1 万元的行政处罚。

（二）依据《生产安全事故报告和调查处理条例》第三十七条规定，建
议对某公司给予 20 万元的行政处罚。依据《生产安全事故信息报告和处
置办法》第二十五条规定，建议对某公司给予 2 万元的行政处罚。

（三）建议某省交通建设集团对某省交通建设集团公司某高速建设管
理处、某公司、某路桥通国际工程咨询有限公司、某省交通工程咨询公
司在某高速公路扩能工程全线予以通报批评。

四、事故防范措施建议

（一）进一步夯实企业安全生产主体责任

某公司要认真履行企业安全生产主体责任，突出抓好制度建设、现

场管理、操作规程、岗位职责、设备管理和风险管控等方面的精细化工作。要建立健全主要负责人、生产技术负责人、班组长等重点岗位人员安全职责，构建"横向到边、纵向到底"的安全生产责任体系。

（二）进一步健全企业安全生产管理机构

某公司要按照《公路水运工程安全生产监督管理办法》（交通部令2007年第1号）规定，施工现场应当按照每5000万元施工合同额配备一名的比例配备专职安全生产管理人员，安全生产三类人员必须取得考核合格证书，方可参加公路施工。

（三）进一步深化安全教育培训

某公司要严格执行安全教育培训制度，建立公司、项目部、班组三级安全教育培训体系，定期开展安全培训，健全培训考核档案，使从业人员熟悉安全生产基本知识，了解岗位危险因素，掌握岗位操作规程和应急自救措施。同时要运用典型事故案例，教育职工严格遵守操作规程。

（四）进一步强化施工作业安全管理

某公司要严格遵照设计和施工规范，全面优化施工方案和施工工艺，加强施工生产安全管理。在施工前要加强超前地质预报，充分认识围岩变化。在施工中要严格遵循"管超前、严注浆、短进尺、短台阶、少扰动、强支护、快封闭、勤量测"原则实施隧道开挖。要强化隧道拱顶下沉、拱腰收敛及中壁墙临时支撑变形的监控量测管理，及时分析数据，科学指导施工。

（五）进一步细化工程设计

某省交通规划设计研究院要不断提高对黄土层大断面隧道开挖的风险认识，细化设计。

（六）进一步加强监理

某省交通建设集团要严格落实监理单位管理责任。监理单位在实施监理过程中，对发现存在的安全事故隐患，整改后应予以现场复查。施工单位拒不整改或者不停止施工的，工程监理单位应当及时向有关主管部门报告。

案例 2　某县较大建筑施工坍塌事故

一、事故发生经过

2013 年 11 月 20 日上午 9 时左右，某县某酒店附属商业用房天井顶层，项目负责人及安全员衡某、技术负责人赵某组织施工人员开始实施高支模混凝土浇筑，先利用塔吊和料斗吊装混凝土浇筑 C、D 轴的 4 个大柱子，14 时左右，开始利用泵车浇筑 B 轴 4 个柱子和 D 轴交 12 轴的柱子，16 时左右，从 B 轴交 11 轴区间浇筑梁、板混凝土，18 时 20 分，赵某、黄某和 11 名工人正在作业面上用料斗配合泵车施工，当泥工段某站在 C 轴交 10 轴区间用双手抓住塔吊吊住的料斗由南向西北角实施浇筑时，忽然感觉双脚悬空，看见作业面 C 轴交 11 轴区间先塌陷下去，自己飞快地往上升，其他 12 人随整个作业面瞬间坠落，造成 7 人当场死亡，5 人受伤。

二、事故原因、责任认定及事故性质

（一）事故原因

施工现场在实施混凝土浇筑前，项目技术负责人赵某和项目总监刘某在明知该分部分项工程没有按照中华人民共和国住房和城乡建设部《危险性较大分部分项工程管理办法》(建质〔2009〕87 号)和《建筑施工模板安全技术规范》(JGJ162－2008)的要求组织编制高支模的安全专项施工方案，也未确认高支模是否具备混凝土浇筑的安全生产条件，未签署混凝土浇筑令，未制定和落实模板支撑体系位移的检测监控及施工应急救援预案等安全保证措施的情况下，便开始实施混凝土浇筑。18 时 20 分，混凝土浇筑到 C、D 轴交 9、10 轴之间，梁板浇筑将近完成 90%。据对整个作业面已浇筑的混凝土重量及模板、钢筋等施工荷载计算，此时作业面的施工总荷载约 7.7kN/m²，超过高支模的实际承载力（由于满堂支撑架没有承载力设计值，事故发生后因全力组织抢救，现场满堂支撑架全部被应急拆除，难以依据现场原基础处理、搭设方法、模板及

支架的主要结构强度、纵横支撑间距及截面构造等各项要素推算出该高支模的相对承载力），导致高支模先从大梁比较集中、施工荷载比较大的 C 轴交 11 轴区间坍塌，作业面上 12 人瞬间坠落。

经调查认定，事故原因为高支模的实际承载力无法达到施工总荷载的要求。

（二）责任认定

1. 项目建设单位安全生产主体责任不落实，违法违规搞建设。该公司履职不到位，管理混乱；在未办理《建筑工程施工许可证》、安全和质量监督手续的情况下，违法组织项目施工；私刻县城乡规划管理局公章、伪造规划管理部门批复文件，对原规划设计进行变更，增加商业用房天井部分；而后又擅自变更建筑工程设计施工图纸，将天井原设计的轻钢网架玻璃结构顶棚更改为钢筋混凝土顶板，变更设计均未经过图审等相关手续，直接交与施工方进行施工；在施工过程中，又擅自要求施工方将原设计标高 22.47 米的天井部分加高至 29.8 米。

2. 某项目施工承包单位安全生产主体责任不落实，违法出借资质、转包工程。该公司施工管理混乱，违法出借资质，违法转包工程；实际上未安排已任命的施工项目部项目经理、施工员、质检员、材料员、预算员、财务负责人等人员在该工程中从事施工管理，而是安排不具备项目经理资格的非公司人员衡某为项目负责人履行项目经理职责。

3. 某施工项目部安全生产主体责任落实不到位，现场管理混乱。施工现场没有建立安全生产规章制度，没有开展班组安全技术交底；项目部负责人、施工现场技术负责人、安全管理人员及特种作业人员均为无证上岗；未编制高支模安全专项施工方案，未落实安全施工措施，施工现场安全管理不到位。

4. 某项目监理单位未认真履行项目监理职责，工程监理工作失控。该公司安排非公司人员刘某、刘某某、吴某为项目监理部人员；在工程内容发生重大变更时，未履行监理方的责任，没有补充签订协议或者重新签订监理合同，对某项目监理工作失管；没有建立危险性较大的分部分项工程安全管理制度，对危险性较大的分部分项工程施工方案没有提出编制审查要求，对不符合标准搭设的模板支撑系统，既不制止，也不报告；旁站监理不到位，现场施工监管失控。

5. 某县建设管理部门监督检查失职。县城乡建设局作为全县建设行业主管部门，虽然对全县建设工程安全生产检查、安全隐患排查工作进行了部署，但组织领导不力，监督检查不到位；在某项目未办理《建设工程规划许可证》、县城乡规划管理局已违规放线的情况下，不批评制止，反而补批放线手续；城乡规划局、安监站、质监站、装饰办工作的领导、指导和监督不力。

某县城乡规划管理局在某项目未办理《建设工程规划许可证》的情况下进行违规放线，对违法建设行为放纵，对变更规划设计失管，致使违法建设行为长期未得到纠正。

某县建筑安全生产监督管理站在某项目未办理《建筑工程施工许可证》、安全监督和质量监督手续情况下进场监督，对违法施工行为虽多次下达整改指令，但未能采取有效措施制止，也未及时向上级建设主管部门报告，对参建各方安全监管不到位；对建筑工程安全专项大检查、安全隐患排查工作贯彻执行不力，安全监督检查流于形式，对危险性较大的高支模搭设和混凝土浇筑违法施工制止不力，未履行好安全监督管理责任。

某县建筑工程质量监督检测站在某项目未办理《建筑工程施工许可证》、安全监督和质量监督手续情况下进场监督，未对高大支撑模板系统所使用的不合格钢管、扣件进行检测，未能有效制止违法施工；对建筑工程安全专项大检查、安全隐患排查工作贯彻执行不力。

某县建筑装饰装修管理办公室在某县建设监察综合执法大队职责、查处违法建设行为过程中，对某项目违法建设行为未采取有效的强制措施制止，致使违法建设行为长期未得到纠正。

6. 某县城市管理执法局执法查处不力。县城市管理执法局在执法监督检查过程中，对某项目违法建设、擅自变更设计的行为执法查处不力，监管责任不落实，监督检查流于形式。

7. 某县委、县政府对安全生产监管工作领导督促检查不力。县委、县政府未认真贯彻落实安全生产责任制，组织开展全县安全生产大检查、"打非治违"工作不深入，对有关职能部门安全生产监管工作指导督促检查不力。

（三）事故性质

经调查认定，某县某较大建筑施工坍塌事故是一起生产安全责任事故。

三、事故防范及整改措施建议

（一）强化"红线"意识，坚持依法行政

各级党委和政府、各级领导干部要牢固树立科学发展、安全发展理念，始终把人民群众生命安全放在第一位。正确处理好安全生产与经济发展的关系，严守发展决不能以牺牲人的生命为代价这条红线。深入学习贯彻中央和省委省政府关于安全生产的统一决策部署，健全完善党政同责、一岗双责、齐抓共管的安全生产责任体系。党政一把手必须亲力亲为、自己动手抓好安全生产这件大事，要坚持依法行政，执政为民，严格依法规范建筑市场秩序，优化投资和发展环境。坚持安全生产高标准、严要求，招商引资、上项目要严把安全生产关，加大安全生产指标考核权重，实行安全生产和重大安全生产事故风险"一票否决"。

（二）严守法律底线，落实主体责任

要进一步强化法律意识，认真落实安全生产主体责任，建立健全安全生产管理制度，加强对危险性较大的分部分项工程安全管理，将安全生产责任落实到岗位，落实到人头，做到安全投入到位、安全培训到位、基础管理到位、应急救援到位，积极开展以岗位达标、项目达标和企业达标为重点的安全生产标准化建设，自觉规范建筑施工安全生产行为，严守法律底线，确保安全生产。建设单位和建设工程项目管理单位要切实增强安全生产责任意识，依法申请建设项目相关行政审批及施工许可证，办理安全监督和质量监督等备案手续，提供危险性较大的分部分项工程清单和安全管理措施。自觉遵守和维护良好的建筑市场秩序，督促勘察、设计、施工、工程监理等单位落实安全责任，加强施工现场安全管理；施工单位要在危险性较大的分部分项工程施工前编制专项施工方案，对超过一定规模的危险性较大的分部分项工程，要组织专家对专项方案进行论证。不违法出借资质证书或超越本单位资质等级承揽工程，不违法转包、分包工程，不擅自变更工程设计或不按设计图纸施工。按规定配备足够的安全管理人员，严格现场安全施工，尤其要加强对危险性较大的分部分项工程的安全管理；监理单位要严格履行现场安全监理职责，按需配备足够的、具有相应从业资格的监理人员，强化对危险性较大分部分项工程的监理。各参建单位要严格落实建筑施工起重机械和脚手架的安装、使用和拆除等各环节的有关规定和技术规范。严格落实特种作业人员持证上岗规定，严禁违规操作、违章指挥。

（三）强化监督管理，落实监管责任

要严格落实安全生产监管责任。一要切实加强建设工程行政审批工作的管理。严格按照国家有关规定和要求办理建设工程用地、规划、报建等行政许可事项，杜绝未批先建，违建不管的非法违法建设行为。国土资源部门要进一步加强土地使用管理和执法监察工作，严肃查处土地违法行为；规划部门要统筹建设用地和工程规划，严格行政审批和放、验红线程序；建设部门要加强建设工程安全生产监督管理工作，依法审核发放施工许可证和履行安全监管责任；城管部门要加大巡查力度，严格依法查处违法建设行为。二要继续深入开展工程建设领域安全生产隐患排查治理和"打非治违"专项行动，积极推进隐患排查治理信息化，进一步加大隐患整改治理力度，坚决打击非法违法建设行为，对在工程建设中挂靠借用资质投标、违规出借资质、非法转包、分包工程、违法施工建设等行为予以严厉查处。对隐患未及时发现或限期内得不到整改的，违法违规可能导致事故发生的，以及对隐患排查治理监督不力的，都要逐级对有关单位和人员进行问责。三要强化安全基础管理，创新监管方式，建立健全安全生产长效机制。积极推进建筑施工企业和在建工程项目安全生产标准化建设，进一步规范企业安全生产行为，夯实安全基础。要继续深化工程建设领域预防施工起重机械脚手架等坍塌事故专项整治工作和安全生产大检查，严格按照"全覆盖、零容忍、严执法、重实效"的总要求，落实安全生产检查工作责任制，实行谁检查、谁签字、谁负责，做到不打折扣、不留死角、不走过场，务必见到成效。要加强对建筑企业和施工现场的安全监管，开展建筑施工领域建设审批程序专项检查，坚决纠正和处理未批先建、边批边建等违法违规行为；督促参建企业落实安全生产主体责任，重点整治施工现场无专项施工方案、违章指挥、违规操作、违反劳动纪律等行为。

（四）加强安全培训，提升本质安全

各地各部门、各建筑施工企业要认真贯彻执行党和国家安全生产方针、政策和法律、法规，注重人的本质安全在企业本质安全中的先决性、引导性、基础性地位和作用，加强企业从业人员和安全监管人员的安全教育与培训工作，不断提升本质安全。要进一步深化全省《建筑施工企业保护工人生命安全七条规定》的宣传教育和贯彻落实工作，通过开展行之有效的宣传教育活动，让广大建筑施工企业和工人对"七条规定"烂熟于心，切实增强建筑施工企业和工人的安全生产责任意识。要因地制宜地开展安全技术和操作技能教育培训，尤其要落实起重机械、脚手架等特种作业人员的培训考核，认真做好经常性安全教育和施工前的安全技术交底工作。要加强对起重机械、脚手架重点设备和高空作业、现场监理、安全员等重点岗位人员的教育管理和监督检查，严格实行特种作业人员必须经培训考核合格，持证上岗制度。

案例 3　某综合楼工程建筑施工较大坍塌事故

一、事故发生经过

2017 年 3 月 27 日 14 时 35 分，某综合楼工程（以下简称事故工程）施工现场发生一起模板支架坍塌较大事故，造成施工人员 9 人死亡，6

人受伤，直接经济损失 900 万元。

3 月 27 日 8 时，周某组织人员开始浇筑塔楼屋顶混凝土，自西南角、西北角、东北角、东南角顺时针依次浇筑框架柱和梁，然后浇筑塔楼屋顶屋面井字梁，最后自塔楼屋顶正中顶端向四周浇筑屋面板。塔楼屋顶总浇筑作业面积约 225 m²（15×15），梁、板钢筋模板重 15.3 吨，混凝土浇筑量为 160m³，事发时浇筑混凝土 132 m³，约 316.8 吨，事发时作业面施工总荷载为 14.46kN/m²。现场浇筑方式为泵送混凝土，输送设备为一台汽车泵，振捣设备为两台震动泵。塔楼屋顶浇筑共有 18 人作业，散布在屋顶四个坡面的多个部位，其中混凝土浇筑工 16 人，木工 2 人。

27 日 12 时 30 分，18 名施工人员完成框架柱、梁混凝土浇筑后即午间；13 时 30 分，15 名施工人员（另外 3 人未上塔楼屋顶）继续浇筑屋面井字梁和屋面板；14 时 35 分，框架柱、梁浇筑完成，屋面井字梁浇筑基本完成；在进行第 14 车混凝土的浇筑时（10m³/车，总混凝土浇筑量约 132m³），东南角模板突然出现坍塌，随即整个模板支架系统快速向中部塌陷，所有屋顶施工人员随坍塌的混凝土、钢筋及模板支架系统一同坠落，并被坍塌物掩埋。

二、应急救援情况

此次救援，某市迅速启动突发事件应急响应，开通应急专线，统筹调度救援力量，先后组织 70 余名消防官兵，某集团、中建某局等建筑专业救援队部分人员和装备，森林防火队伍，卫生应急队伍，医疗救护队伍等进行全面救援。救援工作始终把救人作为首要任务，快速反应、科学调度、妥善处置、公开透明，有效避免了事故现场可能造成的二次伤害。经评估，本次事故救援行动及时、处置有效。

三、事故原因及性质

（一）直接原因

模板支架搭设不符合规范要求，架体承载力不足以承载施工荷载，搭设模板支架所用的钢管和扣件等材料质量不合格，混凝土浇筑工序不当。逐渐增加的荷载超过模板支架的承载能力，导致模板支架失稳坍塌，人员坠落，造成伤亡。

(二)间接原因

调查中，发现相关企业、行业管理部门、相关地方政府在日常管理和监督检查中，存在以下主要问题。

1. 企业及某管理处(事业单位)安全生产主体责任不落实。①某公司作为事故工程的施工单位，不具备建筑施工资质，违法承包事故工程，将事故工程违法转包给不具备资格的人员进行施工建设，施工现场负责人、技术人员无证上岗，现场安全管理缺失，施工管理混乱。②某公司作为事故工程的开发商、经营单位、实际建设单位，未建立安全生产责任制，未取得建筑工程管理资质，违法承揽事故工程，主要负责人和相关人员不具备相应的安全生产知识和管理能力，违规委托个人进行事故工程的设计；事故工程在未办理相关报建、施工等手续的情况下，违法发包给不具备资质的某公司和人员进行施工建设。③某管理处作为事故工程的发起人，也是事故工程的建设单位和管理部门，未认真履行监管职责，对事故工程投资方和建设方不具备相关资质的情况失察，对事故工程未履行法定建设程序、未办理相关手续的违法行为失管，对事故工程层层违法转包等行为不作为，对事故工程建设中存在的安全管理和事故隐患等问题失察失管。

2. 政府及相关监管部门未认真履行安全监管责任。①某市林业局作为林业主管部门，未依法行使林业行业监管职责，对管理处未依法履职的行为、对事故工程存在的违法违规行为失察失管。②某市规划局作为规划主管部门，对城乡规划监察大队在综合楼工程建设中规划监管缺位的问题失察失管，对综合楼工程建设违反规划法律法规监管不力。③某市住房和城乡建设局，作为建筑行业的主管部门，对建设市场管理监察中队未依法履职的行为、对事故工程存在的违法违规行为失察失管。④某市国土资源局，作为土地审批和监管的部门，对所属的某国土资源管理所未依法履职的行为、对事故工程违法用地行为失察失管。

⑤市城乡规划监察大队原直属中队，负责事故工程片区违法、违规项目建设的行政执法工作，对辖区内项目建设行为开展规划动态巡查、跟踪监管不及时，致使事故工程违法建设行为持续发生。⑥市住房和城乡建设局建设市场管理监察中队，是受某市住建局委托对某市建筑市场行政执法的责任主体，在发现事故工程存在的违法违规行为，并下达《催办通知书》和《停工通知书》的情况下，未采取有效措施制止和查处，也未及时向上级部门和领导报告，致使违法违规行为持续发生。⑦某国土资源管理所，负责事故工程片区土地动态巡查工作，未及时发现事故工程违法用地行为，在发现后未依法予以制止，致使事故工程违法建设行为持续发生。⑧某市人民政府对林业局、规划局、住建局、国土局等职能部门未依法履职的行为失察失管。

（三）事故性质认定

经调查认定，某综合楼工程建筑施工较大坍塌事故是一起生产安全责任事故。

四、事故防范和整改措施建议

（一）增强责任意识，降低安全风险

各级党委和政府、有关部门要认真学习贯彻习近平总书记关于安全生产的一系列重要讲话精神，全面贯彻落实省委省政府有关加强安全生产工作的决策部署，坚持党政同责、一岗双责、齐抓共管、失职追责，强化党委政府领导责任，强化部门监管责任，强化企业主体责任，严格落实安全生产责任。要依法规范建筑市场秩序，坚持安全生产高标准、严要求，招商引资、上项目要严把安全生产关，把安全风险管控纳入城乡总体规划，实行重大安全风险"一票否决"。要组织开展安全风险评估和防控风险论证，明确重大危险源清单。要加强规划设计间的统筹和衔接，确保安全生产与经济社会发展同规划、同设计、同实施、同考核。各类开发区、工业园区、风景名胜及旅游景区等功能区选址和产业链选择要充分考虑安全生产因素，严格遵循有关法律、法规和标准要求，做好重点区域安全规划和风险评估，有效降低安全风险负荷。

（二）严守法律底线，落实主体责任

建筑企业要进一步强化法律意识，认真落实安全生产主体责任，建立健全安全生产管理制度，自觉规范建筑施工安全生产行为。建设单位和建设工程项目管理单位要切实增强安全生产责任意识，依法申请建设项目相关行政审批及施工许可证，办理安全监督和质量监督等备案手续，督促勘察、设计、施工、工程监理等单位落实安全责任；施工单位要严格资质管理，不违法出借资质证书或超越本单位资质等级承揽工程，不违法转包、分包工程，不擅自变更工程设计或不按设计图纸施工；监理单位要严格履行现场安全监理职责，按需配备足够的、具有相应从业资格的监理人员，强化对危险性较大分部分项工程的监理。严格落实特种作业人员持证上岗规定，严禁违规操作、违章指挥。

（三）依法履职尽责，落实监管责任

各地、各有关部门要严格落实安全生产监管责任。一要切实加强建设工程行政审批工作的管理，严格按照国家有关规定和要求办理建设工程用地、规划、报建等行政许可事项，杜绝未批先建，违建不管的非法违法建设行为。国土资源部门要进一步加强土地使用管理和执法监察工作，严肃查处土地违法行为；规划部门要统筹建设用地和工程规划，严格行政审批和放、验红线程序；建设部门要加强建设工程安全生产监督管理工作，依法审核发放施工许可证和履行安全监管责任；林业等部门要强化森林公园、旅游景区等特殊区域建设工程的管理和监督。二要继续深入开展工程建设领域安全生产隐患排查治理和"打非治违"专项行动，进一步加大隐患整改治理力度。开展建筑施工领域建设审批程序专项检查，坚决纠正和处理未批先建、边批边建等违法违规行为。三要强化安全基础管理，创新监管方式，建立健全安全生产长效机制。继续推进建筑施工企业和在建工程项目安全生产标准化建设，规范企业安全生产行为。

（四）加强培训教育，提高安全意识

安全生产教育培训是实现安全生产的重要基础工作。企业要完善内部教育培训制度，通过对职工进行三级教育、定期培训，开展班组班前活动，利用黑板报、宣传栏、事故案例剖析等多种形式，加强对一线作业人员，尤其是农民工的培训教育，落实起重机械、脚手架等特种作业人员的培训考核，认真做好经常性安全教育和施工前的安全技术交底工作，增强安全意识，掌握安全知识，提高职工做好安全生产的自觉性、积极性和创造性，使各项安全生产规章制度得以贯彻执行。

五、坍塌事故预防措施

(一)坑、沟、槽土方开挖，深度超过1.5米的，必须按规定放坡或支护。

(二)挖掘土方应从上而下施工，禁止采用挖空底脚的操作方法，并做好排水措施。

(三)挖出的泥土要按规定放置或外运，不得随意沿围墙或临时建筑堆放。

(四)基坑、井坑的边坡和支护系统应随时检查，发现边坡有裂痕、疏松等危险征兆，应立即疏散人员采取加固措施，消除隐患。

(五)挖孔施工应按照《人工挖孔桩安全生产管理规定》执行。

(六)各种模板支撑，必须按照模板支撑设计方案要求，立杆、横杆间距必须满足要求，不能减少和扩大。

(七)施工中必须严格控制建筑材料、模板、施工机械、机具或其他物料在楼层或屋面的堆放数量和重量，以避免产生过大的集中荷载，造成楼板或屋面断裂坍塌。

(八)距临时围墙两米内不能搭建宿舍、仓库等设施。

(九)安装和拆除大模板，吊车司机与安装人员应经常检查索具，密切配合，做到稳起、稳落、稳就位，防止大模板大幅度摆动，碰撞其他物体，造成倒塌。

(十)拆除工程必须编制施工方案和安全技术措施，经上级部门技术负责人批准后方可动工，较简单的拆除工程，也要制定有效、可行的安全措施。

（十一）拆除建筑物，应该自上而下顺序进行，禁止数层同时拆除，当拆除某一部分的时候，应该防止其他部分发生坍塌。

（十二）除建筑物一般不能采用推倒办法，遇有特殊情况必须采用推倒方法的时候，必须遵守下列规定。

1. 砍切墙根的深度不能超过墙厚的 1/3，墙的厚度小于两块半砖的时候，不允许进行掏掘。

2. 为防止墙壁向掏掘方向倾倒，在掏掘前，要用支撑撑牢。

3. 建筑物推倒前，应该发出信号，待全体工作人员避至安全地带后，才能进行。

（十三）架子上不能集中堆放模板或其他材料，防止架子坍塌。

第四节　物体打击事故

物体打击事故是指由失控物体的惯性力造成的人身伤亡事故。物体打击事故会对建设工程工作人员的安全造成威胁，特别是在施工周期短，劳动力、施工机具、物料投入较多，交叉作业时常有出现。这就要求在高处作业的人员在机械运行、物料传接、工具的存放过程中，都必须确保安全，防止物体坠落伤人的事故发生。

经常出现的事故可概括为以下几种。

1. 工具零件、砖瓦、木块等物从高处掉落伤人。

2. 人为乱扔废物、杂物伤人。

3. 设备"带病"运转伤人。

4. 设备运转中违章操作伤人。

5. 安全水平兜网、脚手架上堆放的杂物未经清理，经扰动后发生落体伤人。

6. 模板拆除工程中，支撑、模板伤人。

案例分析

案例1　某商品房施工工地物体打击事故

2013年3月30日14时21分，某商品房一期工程Ⅰ标段12—13号楼施工工地，发生一起物体打击事故，致一人死亡。

一、事故发生经过

2013年3月30日14时21分，劳务工人郭某（女，泥工班小工）在工地一期工程12—13号楼施工工地的砂石料场行走时，被一根从高空坠落的钢管砸中头部眉心，致其重伤倒地昏迷。事故发生后，现场管理人员立即拨打"120""110"求救报警，并组织相关人员妥善保护事故现场。14时32分，经赶到现场的某大学仁和医院急救医护人员诊断，郭某已当场死亡。

二、事故原因分析

（一）直接原因

1. 木工班内架组四名工人违规作业。事故发生前，木工班内架组四名工人正在13号楼25层拆除屋边模板。在拆模过程中，木工班内架组工人未严格按照脚手架拆除作业规程进行拆除施工，导致内模顶板整体落地，并将支撑内模的钢管撞击至楼层框架结构之外，钢管在外架内滑落约10米后，冲出外架防护网，从约63米的高空坠落。

2. 郭某（死者）安全防范意识不强。在上方有危险作业的施工期间，随意离开安全防护区域，在危险作业区域下方走动。

（二）间接原因

1. 施工总包单位安全生产主体责任落实不到位，未向木工班班长及当天四名从事内模拆除作业的工人，进行安全教育和安全技术交底。未严格落实三级安全教育制度，对新上岗工人安全教育培训不到位。公司项目负责人在施工期间未严格执行领导带班制度，对施工现场安全管理不严，未督促现场作业人员遵守劳动纪律。

2. 监理公司未认真履行工程监理职责，对施工单位安全技术交底过程、员工安全教育培训审核把关不严。安全监理工程师在安全检查过程中未及时发现内架拆除人员的违规作业行为,总监理工程师在施工作业期间脱岗。

3. 脚手架防护不能满足施工需要,安全网达不到规范的标准,不能经受钢管的冲击。施工拆模时没有及时清理施工材料,导致施工材料堆放离建筑物边缘太近、材料受到撞击后冲出楼层之外。

三、事故的教训与防范措施

(一)要向工人进行技术、安全交底。

(二)拆模时一定要先做好临边的安全防护,在临边、洞口的地方用钢管和模板搭设临时防护墙,防止材料滚落伤人。

(三)拆下的材料及时清理分类堆放,不能堆放过多、过高,应派人及时运走拆下来的施工材料。

(四)脚手架的安全网一定要符合规范要求,施工的建筑物离道路太近还要用硬质材料封闭(如钢目网)。

案例 2 某住宅楼施工工地物体打击事故

一、事故发生经过

2010 年 4 月 9 日 16 时 30 分左右,塔吊运输砼至 11 号楼一单元二楼阳光房屋面浇筑混凝土时,因塔吊钢丝绳碰触 10 层上悬挑的脚手架,使悬挑架上的砂浆块坠落,击中正在二楼阳光房屋面施工的工人易某头部,致其受伤,后被送往医院经抢救无效死亡。

二、事故原因分析

(一)直接原因

塔吊吊运混凝土时,塔吊钢丝绳碰触 10 层上悬挑的脚手架,将悬挑架上的安全网碰翻,使得悬挑架上的砂浆块坠落,击中施工的工人易某头部致其受伤。

(二)间接原因

1. 在靠近悬挑脚手架施工时应考虑保护悬挑的脚手架的安全,塔吊没有在悬挑脚手架安全距离外吊运作业。

2. 悬挑脚手架水平面上的杂物没有及时清理，使得上面杂物坠落伤人。

3. 垂直交叉作业施工时没有按照安全施工的要求进行防护。

三、事故的教训与防范措施

(一)施工现场混凝土浇筑一般有三种方式：汽车泵、泵管加布料机、塔吊吊运。这三种方式适应的施工部位需要认真研究，汽车泵一般用在楼层不高跨度不大的施工部位；泵管加布料机用在比较高跨度大的施工部位；塔吊吊运一般用在混凝土需要不多塔吊好吊运的施工部位；事故施工部位是二楼阳光房，需要的混凝土不多，一般情况下可以用塔吊吊运，但是施工时要避开悬挑脚手架，发生事故的原因之一就是忽视了需要避开悬挑的脚手架。

(二)施工现场垂直交叉作业是引发事故的另一原因，在施工现场一般不允许垂直交叉作业。若下方确实需要施工，上方一定要搭设可靠的防护棚。上方施工时下方不得施工，下方施工时上方不得施工。从而避免上方坠物伤人。

(三)悬挑的脚手架上施工留下的杂物应及时清理，特别是施工时跑模漏出的混凝土与砌体施工留下的砖块、砂浆块等其他杂物。

案例 3　某地铁二号线物体打击事故

一、事故发生经过

2012 年 8 月 7 日晚 19 时，某劳务公司 4 名作业人员在某地铁某车站 3 号风亭基坑底部(距地面约 10m 处)清理渣土。21 时 10 分，基坑边坡上的一块浮石发生滚落，作业人员刘某因躲避不及时，被浮石砸中，事故发生后，现场人员立即拨打"120"急救电话，刘某被送往医院后经抢救无效死亡。

二、事故原因分析

（一）直接原因

现场施工条件较为复杂，作业人员在开挖基坑土方时遇到横穿基坑内的自来水管，土方不能一次开挖完成，短时间内形成陡坡，虽然已采取部分处置措施，但防护不到位，导致浮石滚落后砸中下方施工人员。

（二）间接原因

1. 现场隐患排查整治不彻底。

2. 作业人员安全教育不到位，安全防范意识薄弱。

3. 监理人员对基坑土方施工动态管理不严。

三、事故的教训与防范措施

（一）现场隐患排查专项整治是施工现场永恒的主题，省、市安全管理部门多次要求建设各方进行安全检查，排除施工安全隐患，但检查流于形式，没有发现隐患。安全检查应在建设部门的领导下由监理与施工单位共同进行，对施工场地及周边情况进行检查，也要对作业人员的行为进行检查，发现问题及时纠正不能流于形式。

（二）施工前应向作业人员进行详细的安全与技术交底，平时也应对工人进行安全教育，出现事故说明对施工人员安全教育不到位，作业人员安全防范意识薄弱。

（三）监理人员对基坑土方施工应实行动态管理，监理人员除应对施工方案进行严格检查，也应随时对施工场地进行巡视检查，主要检查施工单位安全防护是否到位，安全措施是否按照施工安全专项方案实施，需要旁站的一定要旁站，要配备足够的监理人员。

四、物体打击事故预防措施

（一）操作人员必须进行安全培训，按要求正确使用安全防护用品，进入作业现场不得违章指挥、违章操作。

（二）在同一垂直面上下交叉作业时，必须设置安全隔离层或安全网，并保证防砸措施有效。高处作业上下传递物件时禁止抛掷，使用溜槽或起重机械运送时，下方操作人员必须远离危险区域。

（三）高处作业人员所使用的工具或切剥下来的废料，必须放进工具袋或采取防坠落措施，严禁乱放。

（四）高处作业临时使用的材料必须放置整齐稳固，且放置位置安全可靠，所有有坠落可能的物件，应先行撤除或加以固定。

（五）作业现场临边、临空及所有可能导致物件坠落的洞口都应采取防护措施。

（六）起吊重物时，所采用的索具、索绳等应符合安全规范的技术要求，不得提升悬挂不稳的重物，起吊零散物料或异形构件时必须用容器集装或钢丝绳捆绑牢固，确认无误后方可指挥起吊，防止物料散落伤人。

（七）加强设备点巡检工作，及时消除设备故障，以防器具部件飞出伤人。

第五节　触电事故

建设工程施工的触电事故主要有施工人员触碰电线或电缆线、机械设备漏电和高压防护不当而造成触电三类。

根据相关行业主管部门的统计，由于施工触碰电力线路造成的伤亡事故占30％，由于工地随意拖拉电线造成的触电事故占16％，现场照明不使用安全电压造成的事故占15％，以上三类事故占触电事故的61％。

一、触电事故的原因

（一）违反操作规程。相关规定明确：线路上禁止带负荷接电和断电，禁止带电操作等。但是在实际作业中，部分作业人员（主要是电工）违反有关规定，带电操作，从而造成触电伤害事故。有时现场条件不允许停电而带电作业，也容易造成触电伤害。

（二）机械设备和电动设施维修保养不善，安全管理检查措施不力，造成漏电，导致触电事故，也包括电线、电缆由于破口、断头或者绝缘不好，造成的漏电触电事故。在建筑施工中，大部分机械设备都是露天作业，容易造成电气设施的损坏，而且施工中许多用电都是临时用电，缺乏长期用电规划，对电线、电缆缺乏保护，也容易导致漏电。

（三）施工中由于计划措施不周密，安全管理不到位，造成意外触电伤害事故。例如，起重机械作业时触碰高压电线，挖掘机作业时损坏地下电缆，移动机具拉断电线、电缆，人员作业时碰坏电闸箱，控制箱漏电或误触电等。

（四）由于自然因素导致电线断裂以及雷击触电等触电伤害事故发生。许多事故都是由于施工现场的"临时用电"引起的，这是应该引起注意的问题。

二、触电事故预防措施

（一）施工现场的临时用电采用三相五线制，电气设备的金属外壳必须与专用保护零线连接，并定期对总接地电阻进行测试。

（二）配电系统设置总配电箱和分配电箱、开关箱，实行分级配电。

（三）整定各级漏电保护器的动作电流，使其合理配合，不越级跳闸，实现分级保护，每天必须对所有的漏电保护器进行检查，保证动作可靠性。

（四）开关箱内必须装设漏电保护器，开关箱内的漏电保护器，其额定漏电动作电流应不大于30mA，额定漏电动作时间应不大于0.1s。

（五）施工现场采用36V的安全电压进行照明。

（六）对所有的配电箱等供电设备进行防护，防止雨水打湿引起漏电和人员触电。

（七）在潮湿、坑洞内作业时，使用Ⅲ类的手持电动工具，并把漏电保护器的开关箱设在外面，工作时有专人监护。

（八）所有的配电箱、开关箱每月进行检查和维修一次，检查、维修人员必须是专业电工，检查时必须按规定穿戴绝缘鞋、手套，必须使用电工绝缘工具。

（九）所有的配电箱、开关箱在使用中必须按照下述操作顺序。

送电操作顺序：总配电箱→分配电箱→开关箱。

停电操作顺序：开关箱→分配电箱→总配电箱（出现电气故障和紧急情况除外）。

（十）施工现场停止作业一小时以上时，应将动力开关箱断电、上锁。

案例分析

案例1 某建设项目基坑开挖及边坡支护工程触电事故

2016年6月2日17时30分，某公司承建的某省地质资料馆暨地质博物馆建设项目基坑开挖及边坡支护工程发生一起触电事故，导致1人死亡，直接经济损失100.08万元。

一、事故发生经过及事故救援情况

2016年6月2日下午，某公司安排施工班组进场，由刘某某班组对边坡支护BB段进行喷浆作业。17时30分，施工现场突遇雷雨天气，项目部随即安排停止施工，由安全员刘某通知施工班组立即停止作业，电工岳某对施工现场进行断电。现场施工班组人员接到通知后立即从施工区域撤离避雨，工人刘某对施工现场材料及设备进行覆盖后，看见施工便道东侧未采取防雨保护措施的空压机未断电，便对其进行断电操作，在关闭空压机开关时遭受电击倒在空压机旁（由于电工岳某距离配电箱较远，此时正在赶往配电箱途中，现场施工用电处于开启状态）。班组长刘某某发现刘某倒地后，立即上前施救，也遭受轻微电击，同时空压机漏电保护装置跳闸断开，未引发后续触电事故。现场工人发现后立即组织救援，用模板将刘某抬至工地钢筋加工区，并采取人工呼吸等急救措施，发现刘某未能恢复意识，后经"120"急救人员现场确认刘某已死亡。

二、事故发生的原因和事故性质

（一）直接原因

某公司边坡支护班组工人刘某，在未配备防护装备的情况下，对未采取防雨保护措施、处于潮湿环境中的空压机进行断电操作，违反安全用电常识，导致触电身亡，是事故发生的直接原因。

（二）间接原因

某公司安全管理不到位，未依法履行企业安全生产主体责任，对施工班组工人安全教育培训不到位、对施工现场安全监管不到位，对突发雷雨天气安全防护工作安排不到位，对露天使用的用电设备未采取防雨保护措施，是事故发生的间接原因。

（三）事故性质

通过对事故调查取证和原因分析，认定本起事故是一起一般建筑施工触电责任事故。

三、责任认定及处理建议

（一）对事故责任单位的责任认定及处理建议

建议由某区安全生产监督管理局根据《中华人民共和国安全生产法》第一百零九条第一款的规定，对其处以 30 万元人民币的罚款。

（二）对事故责任人的责任认定及处理建议

刘某，某公司边坡支护班组工人，在未配备防护装备的情况下，对未采取防雨保护措施、处于潮湿环境中的空压机进行断电操作，违反安全用电常识，导致事故发生，在本次事故中应承担主要责任。鉴于其已死亡，对其行为不予追究责任。

刘某，作为某公司派遣到该项目的主要负责人，未认真履行项目主要负责人职责，监督、检查本项目安全工作不到位、安全教育培训落实不到位，在本次事故中负有责任，建议由某区安全生产监督管理局根据《中华人民共和国安全生产法》第九十二条第一款的规定，对其处以上一年年收入百分之三十（1.8 万元）的罚款。

张某，该建设项目部项目负责人，未认真履行项目负责人职责，监督、检查本项目的安全生产工作不到位，在本次事故中负有责任，建议由某区安全生产监督管理局根据《中华人民共和国安全生产法》第九十二条第一款的规定，对其处以上一年年收入百分之三十（1.98万元）的罚款。

刘某某，该建设项目部班组长，对施工现场安全监督管理不到位，在本次事故中负有责任，建议由项目部按照相关管理规定进行处理，并将处理结果书面报某区安全生产监督管理局。

岳某，该建设项目部电工，对施工现场进行断电操作不及时，在本次事故中负有责任，建议由项目部按照相关管理规定进行处理，并将处理结果书面报某区安全生产监督管理局。

四、防范措施及整改建议

（一）某公司立即开展该项目施工工地安全生产事故隐患排查治理工作，特别是现场施工用电的安全检查工作，对事故隐患进行逐一排查、整改，确保切实消除事故隐患。

（二）某地质资料馆暨地质博物馆建设项目部要认真吸取此次事故的教训，举一反三，开展事故警示教育，落实安全措施，杜绝此类事故再次发生。

（三）建设监管部门要切实履行监督和管理职责，进一步加强在建工程的安全监管工作，加大监督检查力度，督促企业落实安全生产主体责任。

案例2 某粮库建设项目较大触电事故

一、事故发生经过

2016年4月19日14时27分，在某市某镇粮库千吨囤建设项目李某承包的千吨囤建设施工中，蔡某雇用的工人王某、胡某、刘某和刘某某从库区办公室后推移脚手架至千吨囤建设施工现场过程中，在接近66千伏一、二联线线路（库区内线路）附近时，高压线产生放电，上述4人发生触电。事发时脚手架立在地面上，脚手架上部与高压线之间有电弧在放电打火，躺在地上的 4 人身上发出蓝色火光。事发后，某粮库职工杨某、苏某、赫某等人，用绳子将脚手架兜倒，触电的 4 人身上开始着火，现场救援人员用灭火器将 4 人身上的火焰扑灭，当时现场人员看到地上 4 人已无生命迹象。某市公安司法鉴定中心检验意见为电击死亡，共造成直接经济损失约 350 万元。

二、救援及现场处置情况

14 时 42 分，市安全监管局接到报告后，立即启动了应急预案，在市政府副市长的组织带领下，相关人员第一时间赶赴现场进行处置。组织调动公安、医疗、供电等有关部门和单位参加事故抢险救援和应急处置，经医护人员确认 4 名工人已全部死亡。某市副市长组织召开了现场工作会议，传达了市委市政府主要领导的指示和要求，启动事故调查程序，同时安排部署了企业隐患排查整改等相关工作。

三、事故原因和性质

（一）直接原因

施工作业人员移动轮式脚手架途经高压输电线路，在接近高压线时，脚手架与高压线路之间水平安全距离不足，导致形成电弧放电通道，造成作业人员被电击。

（二）间接原因

1. 现场施工作业人员违法从事登高架设、焊接特种作业，未按国家有关规定经专门的安全作业培训，取得相应资格，上岗作业；安全生产教育和培训缺失，安全观念淡薄，自我防范意识差；对其作业场所和工作岗位存在的危险因素缺乏了解，在施工作业中没能及时发现生产安全事故隐患。

2. 钢结构施工负责人蔡某，不具备国家规定的，从事生产经营活动安全生产的资格。未制订安全生产责任制、安全生产制度和操作规程；未对现场作业人员进行安全生产教育和培训；施工前，没有制订相应的安全施工措施，没有进行安全技术交底；未在施工现场安排专门人员进行现场安全管理，作业现场安全管理缺失；未向现场作业人员如实告知作业场所和工作岗位存在的危险因素；对施工现场相邻高压线路可能造成的危害，没有采取专项的安全防护措施；安排不具有特种作业资格的人员上岗作业。

3. 项目承包及施工人李某，不具备国家规定的，从事生产经营活动安全生产的资格。未制订安全生产责任制、安全生产制度和操作规程；未组织从业人员进行安全生产教育和培训；未督促、检查安全生产管理工作，未及时消除生产安全事故隐患；未在施工现场安排专门人员进行现场安全管理，作业现场安全管理缺失；未向现场作业人员如实告知作业场所和工作岗位存在的危险因素；对施工现场相邻高压线路可能造成的危害，没有采取专项的防护措施；将钢结构建设工程转包给不具备安全生产条件的个人。

4. 某镇粮库安全生产主体责任落实不到位。安全生产制度和操作规程不规范、管理混乱；对从业人员的安全生产教育和培训不到位；安全生产检查不全面、不规范；事故隐患排查治理工作不彻底，没有及时消除事故隐患；未具体、规范地向从业人员告知作业场所和工作岗位存在的危险因素、防范措施；库区内存在较大危险因素的生产经营场所，未设置安全警示标志；将生产经营项目发包给不具备安全生产条件的个人；未对外来承包施工单位进行安全生产工作统一协调、管理和定期安全检查。

5. 高压线产权所有单位某矿业（集团）有限责任公司某煤矿日常安全管理不到位。2016年4月19日事故发生时，66千伏一、二联线途经某镇粮库院内的电力设施，未设置安全警示类标志；线路巡视工作不规范、不认真，没有及时发现安全警示类标志缺失。

6. 某市商务局履行行业安全监管职责不到位。督促指导某市某镇粮库落实安全生产主体责任不到位；"管行业必须管安全"的要求落实不到位；检查督促有关部门部署的安全生产管理具体工作不到位。

7. 某镇政府履行属地监督检查职责不力。没有及时发现某镇粮库进行千吨囤施工建设并进行安全管理；没有及时发现某镇粮库作业场所处于高压线路下方区域的安全隐患，没有督促其消除。

（三）事故性质

经事故调查组认定，本次事故性质为生产安全责任事故，事故类别为触电，事故等级为较大事故。

四、事故防范和整改措施

该起事故造成了生命财产损失，后果严重，造成了较大的社会负面影响。为深刻吸取事故教训，有效遏制和防范类似事故发生，提出如下事故防范和整改措施。

（一）某市某镇粮库

1. 要切实强化安全生产主体责任，认真贯彻执行安全生产相关法律法规，建立健全安全生产责任制，完善安全生产管理制度。要层层落实安全生产责任，明确岗位的责任人员、责任范围和考核标准等内容。

2. 按照相关要求认真开展隐患排查和治理工作，及时发现和消除事故隐患。对查出的隐患要制订整改措施，并跟踪落实整改。要克服认识上的偏差，对库区内高压线构成的安全隐患要制订切实可行的专项安全防范措施，直至彻底消除安全隐患。

3. 要加强对本单位及外来从业人员的安全生产教育培训，提高安全防范意识，严格执行各项规章制度和安全操作规程，及时纠正作业中的违法违规行为，督促从业人员严格按操作规程施工作业。

4. 严格执行《中华人民共和国安全生产法》《建设工程安全生产管理条例》等法律法规和规章的规定，认真审核承包、施工单位的安全生产条件及相关资质，杜绝非法承包、施工行为，督促相关单位落实企业安全生产主体责任。履行安全生产工作统一协调、管理及定期进行安全检查的责任，切实把安全生产工作落到实处。

（二）某市商务局

1. 要认真履行行业监管职责。进一步理顺安全生产管理责任体系，明确具体监管责任和人员，加强监管人员的教育和培训，强化管行业必须管安全，管业务必须管安全的责任意识，切实履职尽责。

2. 按照市政府的要求，结合实际情况认真组织开展隐患排查治理工作，督促企业认真落实安全生产日检查、周调度、月总结、季报告等相关制度，使安全隐患排查治理工作制度化、常态化、长效化。

3. 要加强对所管辖生产经营单位安全生产状况的监督检查，督促生产经营单位落实主体责任。要对粮食系统开展全面安全检查，确保各项安全生产监督管理制度和措施执行到位。吸取事故教训，举一反三，杜绝类似事故的发生。

（三）某市某镇政府

1. 要认真履行属地管理职责。进一步完善安全生产管理机制，加强安全生产管理人员力量，督促企业落实安全生产主体责任。

2. 要按照《中华人民共和国安全生产法》等法律法规的规定，加强对本行政区域内生产经营单位安全生产状况的监督检查，做到不走过场、不留死角。协调相关部门、单位及时、妥善处理各类安全生产问题。

3. 结合本地的实际情况，督促本辖区内的生产经营单位开展全面的安全隐患排查，及时发现并消除事故隐患。

（四）某矿业（集团）有限责任公司某煤矿

1. 要对本矿所属的所有电力设施，特别是高压线路的现状进行全面的排查，对排查出的安全隐患要逐一登记，立即整改或限期整改。要制订整改方案，做到整改责任、时限、资金、措施、预案五落实。

2. 要按照国家及行业标准和规定，修订高压线路巡线员岗位责任制和相关制度，进一步明确岗位责任和具体内容。

3. 要加强对巡线员监督和检查，要进一步规范巡线检查记录，做到详细、清晰、明确，并及时归档立卷。

（五）相关审批职能部门

要以事故教训为警示，举一反三，在审批建设项目时，应充分考虑安全发展的需要，严格把好选址、规划关口，从源头上消除由此而产生的安全生产事故隐患。

第六节　起重伤害事故

一、起重伤害事故

起重伤害事故是指在进行各种起重作业（包括吊运、安装、检修、试验）中发生的重物（包括吊具、吊重或吊臂）坠落、夹挤、物体打击、起重机倾翻等事故。起重作业包括：桥式起重机、龙门起重机、门座起重机、塔式起重机、悬臂起重机、桅杆起重机、铁路起重机、汽车吊、电动葫芦、千斤顶等作业。

起重伤害事故形式主要有下列几种。

1. 重物坠落。吊具或吊装容器损坏、物件捆绑不牢、挂钩不当、电磁吸盘突然失电、起升机构的零件故障（特别是制动器失灵、钢丝绳断裂）等都会引发重物坠落。处于高位置的物体具有势能，当坠落时，势能迅速转化为动能，上吨重的吊载意外坠落，或起重机的金属结构件破坏、坠落，都可能造成严重后果。

2. 起重机失稳倾翻。起重机失稳有两种类型：一是由于操作不当（例如超载、臂架变幅或旋转过快等）、支腿未找平或地基沉陷等原因使倾翻力矩增大，导致起重机倾翻；二是由于坡度或风载荷作用，使起重机沿路面或轨道滑动，导致脱轨翻倒。

3. 挤压。起重机轨道两侧缺乏良好的安全通道或与建筑结构之间缺少足够的安全距离，使运行或回转的金属结构机体对人员造成夹挤伤害；运行机构的操作失误或制动器失灵引起溜车，造成碾压伤害等。

4. 高处跌落。人员在离地面大于2m的高度进行起重机的安装、拆卸、检查、维修或操作等作业时，从高处跌落造成的伤害。

5. 触电。起重机在输电线附近作业时，其任何组成部分或吊物与高压带电体距离过近，感应带电或触碰带电物体，都可以引发触电伤害。

6. 其他伤害。其他伤害是指人体与运动零部件接触引起的绞、碾、戳等伤害；液压起重机的液压元件破坏造成高压液体的喷射伤害；飞出物件的打击伤害；装卸高温液体金属、易燃易爆、有毒、腐蚀等危险品，由于坠落或包装捆绑不牢破损引起的伤害等。

案例分析

案例 1　某工程起重伤害事故

2011 年 11 月 26 日上午 9 时，位于某区某路某工程工地发生一起较大起重伤害事故，死亡 4 人，造成直接经济损失约 295.3 万元。

一、事故发生经过

2011 年 11 月 26 日上午 9 时，武汉某建筑工程公司（分包单位）现场作业人员拟将放置在地面的混凝土布料机用塔吊吊到施工层（第 29 层）。现场人员将两根挂在吊钩上的吊索钢丝绳在布料机上进行绑扎后，指挥塔吊司机起吊，当布料机升至约 45 米，布料机前端的一根吊索钢丝绳突然断裂，紧接着另一根吊索钢丝绳脱钩，导致布料机从高空坠落，造成下方的 4 名作业人员被砸身亡。

二、事故原因分析

（一）直接原因

存在质量缺陷的钢丝绳在起吊物件时发生断裂，加之钢丝绳缠绕在物件锐角处，加剧了钢丝绳的断裂，导致起吊物因钢丝绳断裂后坠落，砸向下方的作业人员。

（二）间接原因

1. 武汉某建筑工程公司（分包单位）未服从施工总包单位安全管理，违反施工有关安全规定，安排非专业人员组织吊运和从事司索作业，导致起吊前钢丝绳的绑扎不符合安全规范，起吊时起吊物的下方存在交叉作业。

2. 总包单位工程项目部对购置的钢丝绳在使用前检查和审验不到

位，对起吊作业现场督促安全管理不到位。

3. 监理公司监理项目部履行监理职责不力，危险作业现场无监理人员实施监理。

4. 建设单位工程项目部对施工现场存在的不同单位和工程项目交叉作业现象，疏于督导、协调和管理。

三、事故责任区分及处理建议

(一)泥工班长李某，安全意识淡薄，安排此次吊运任务后，在不具备司索特种作业资质的情况下，违规绑扎钢丝绳，一定程度上加剧了存在质量缺陷的钢丝绳的断裂。同时，对起吊作业现场管理不到位，导致其他人员在起吊物下交叉作业，对事故负有重要责任，建议予以除名处理。

(二)现场负责人于某，对施工现场和作业人员的安全管理不到位，对事故负有重要管理责任，依据有关规定上报省住建厅暂扣其执业资格证书；进行全市建筑市场不良行为记录与公布 24 个月。

(三)公司负责人历某，作为公司安全生产第一负责人，对项目部安全生产工作督促管理不力，对事故负有重要领导责任，依照有关规定上报省住建厅暂扣其执业资格证书；进行全市建筑市场不良行为记录与公布 24 个月。

(四)对分包单位，违反施工安全有关规定，企业安全生产责任制不落实，施工现场和作业人员安全管理不力，依照有关规定上报省住建厅暂扣其安全生产许可证；进行全市建筑市场不良行为记录与公布 24 个月，经济处罚 20 万元。

(五)对施工现场安全工作管理不到位的总包、监理等单位与个人，应给予不同的行政处罚。

四、事故的教训与防范措施

这起起重吊装安全事故造成 4 人遇难，造成的社会与经济损失重大，企业一定要加强起重作业的安全管理，杜绝这类事故发生。

(一)施工现场不能垂直交叉作业，吊装作业下面要加强监护，吊物时不得在施工人员上方、道路、临设、操作棚上方运行并派专人进行监护。

(二)起吊作业人员要持证上岗，没有特种作业人员上岗证的人员不得从事特种作业，一些地区、单位在起重设备起吊作业时，指挥、司索人员无证作业情况十分严重，企业要注意对这方面的督察、检查。

(三)要经常对吊索进行检查，检查由专业人员进行，检查要覆盖各个环节，要购买正规厂家生产的吊索，不得用旧的钢丝绳代替，要经常检查吊索的完好性，并做好检查记录。

(四)起吊作业吊索的绑扎要由司索人员进行，绑扎时要绑扎牢固，不得长短一起吊，零散物品要用容器装好再吊，物品不得超过容器上口边缘，非专业人员不得冒险作业。

(五)建设、施工、监理等安全管理人员要加强起重作业的安全管理，特别是监理人员要按照有关要求旁站监理，检查作业人员证件、督促施工人员按照规范作业，吊装时一切安全措施落实后方可作业。

案例2　某工程起重伤害事故

2013年5月21日上午约9时50分，某县某工程塔式起重机设备拆除现场发生事故，共造成5人死亡，其中3名作业人员当场死亡，2名作业人员经抢救无效死亡，直接经济损失319万元。

一、事故发生经过

2013年5月21日上午7时左右，某县某工程正在进行塔式起重机设备拆除，约9时50分，正在拆除中的塔式起重机起重臂、塔帽及平衡臂等突然倾覆，导致塔式起重机上的5名作业人员坠落，3名作业人员当场死亡，2名作业人员经抢救无效死亡。

二、事故原因分析

(一)直接原因

在塔式起重机设备拆除时，现场拆除负责人许某没有拆除方案，未向监理单位报告就带领4名无特种作业人员操作证的人员进行塔式起重机设备拆除作业。在拆除设备标准节过程中，拆除人员违反操作规程，在起重臂和顶升油缸处于同一侧的状态下，反向顶升作业，导致塔机上部结构整体失稳，顶升套架解体后倾覆，塔式起重机设备上5名作业人员坠落，造成事故发生。

（二）间接原因

1. 施工总承包单位项目经理田某，对塔式起重机设备租赁、安装、使用、拆除等环节管理不到位。田某在塔式起重机设备进场安装完成后，与安装拆除单位许某签订《安全协议书》和《塔式起重机安装合同》，在租赁设备签订协议以及委托设备安装拆除前未检查设备租赁、安装拆除单位对许某的授权文件，未核查负责设备租赁、安装拆除单位的许某提供资料的真实性，在设备安装过程中未认真审核作业人员的特种作业操作资格证书，未对设备拆除人员进行作业前的安全技术交底工作，对许某未办理塔式起重机设备拆除手续进场拆除设备的行为未进行有效制止，未能发现和制止许某等人的违章作业行为。项目部安全员田某履行现场安全管理职责不到位。

2. 现场监理单位项目总监胡某，在监理过程中履行总监职责不到位，在未认真核查许某提供资料的真实性、未核查塔式起重机设备安装单位资质和安全生产许可证是否合法有效情况下，设备进场安装结束后，审核签字同意了设备的《安装方案》，在塔式起重机设备未经检验检测机构监督检验合格的情况下，参与了塔式起重机共同验收并签字。总监代表刘某常驻现场，履行现场监理职责不到位，在设备安装、使用过程中未严格审核作业人员的特种作业操作资格证书，未及时发现和制止许某等人的违章作业行为。

3. 建筑施工起重机械安全管理部门和具体安全监督机构，某县住建安全管理部门，对建筑安全工作监管不力，"打非治违"不到位，对工作人员教育、管理力度不够，未认真贯彻落实有关安全生产法律法规，对安全监管工作指导、检查、督促不力。安全监督人员王某，在办理塔式起重机设备安装登记、使用登记手续，审核登记资料过程中未发现租赁合同系非法定代表人或未受其委托的人签订的合同，未审核塔式起重机设备产权备案单位专业承包企业资质等级证书和安全生产许可证原件，未审查起重设备安装特种作业人员资格证书和使用特种作业人员资格证书复印件，未认真审查塔式起重机设备进入施工现场前设备状态完好证明，未建立本行政区域内的建筑起重机械登记档案，有玩忽职守行为。

4. 塔式起重机设备产权备案单位对设备管理不严，事故前不清楚本公司备案设备以及备案证件去向，未履行产权单位的设备管理责任。

5. 建设单位某县某公司未督促总承包单位、监理单位监理健全安全生产管理制度。

三、事故的教训与防范措施

塔吊的安装与拆卸事故频发，最主要的原因就是企业安全生产主体责任未落实。安拆单位与施工人员无资质施工，施工不按照规定的程序进行，监理人员旁站监理不到位，不熟悉拆除程序，这些都造成了事故的发生。

(一)加强建筑业企业安全生产主体责任落实，要进一步强化建筑业企业安全生产责任制的落实，建设单位和建设工程项目管理单位要切实强化安全责任，督促施工单位、监理单位和各分包单位加强施工现场安全管理。

(二)施工单位要依法依规配备足够的安全管理人员，严格现场安全作业，尤其要强化对起重机械设备安装、使用和拆除全过程安全管理。

(三)监理单位要严格履行现场安全监理职责，按需配备足够的、具有相应从业资格的监理人员，强化对起重机械设备安装、使用和拆除等危险性较大项目的监理。

(四)起重设备安拆单位要加强对特种作业人员的安全教育培训，强化对从业人员的管理，严格落实持证上岗，杜绝"违章指挥、违章操作、违反劳动纪律"的三违行为发生。

(五)建设行政管理部门要严格起重设备的安全监督，检查有关证照的时候，要求施工单位出具证照原件查验，证照复印件加盖单位法人章后留存，现场检查时要对照证照检查作业人员是否持证上岗，杜绝无证作业现象。

二、起重伤害事故预防措施

根据安全管理网的《防止起重伤害措施》，起重伤害事故可有以下预防措施：

（一）起重吊装前，应根据施工组织设计要求划定危险作业区域，设置醒目的警示标志，防止无关人员进入。

（二）起重操作人员应经国家有关部门特殊工种专门培训，并考试合格，持证上岗。起重工作人员应通过学习、熟悉规定的指挥信号、手势，熟悉并执行起重搬运方案和起重安全措施。起重作业时，工作人员必须戴安全帽。

（三）起重机械和起重工具的工作荷重不准超过铭牌规定，没有制造厂铭牌的各种起重机具，应经计算并做荷重试验后方准使用。

（四）起重机械设备应按国家有关部门的规定进行定期检验、检查和维护，并指定专人负责，起重机械的安全装置、刹车装置必须齐全、可靠。

（五）起重作业前，应对钢丝绳、滑车等进行常规外观检查，确保其性能良好。

（六）起重作业应专人指挥，并按规定的指挥信号、手势进行指挥，起重前必须先鸣喇叭，或向现场工作人员发出明确信号，现场工作人员和指挥人员应站在安全地方，防止被吊物件坠落伤人。

（七）移动式悬臂起重机一般不准在架空线路下面工作，如有必要时，应事先征得该线路的运行管理部门同意，采取线路临时停电或做好安全防护措施后方可进行起吊工作，起重机在架空线路下面通过时，应将起重臂落下。

（八）严禁起重臂跨越电力线进行作业，在架空线路两旁附近进行起重作业时，起重机的臂架、吊具、钢丝绳、缆风绳、吊物等以及高处作业车变幅杆升降时的任何部位与带电体、带电线路(在最大偏斜时)的最小安全距离，不得小于如下数值：

电压等级(kV)	<1	1~10	35~110	220	500
最小安全距离(米)	1.5	2	4	6	8.5

小于上述最小安全距离时，应将线路停电，办理线路第一种工作票，方能工作。

(九)起重设备不准在电缆沟盖板上撑支腿。

(十)吊物必须绑牢，起重机械与吊物重心应找正，吊钩钢丝绳应保持垂直，当吊物离地面 10 厘米左右时，应暂停升高，查看变幅、支腿等各部有无异常现象，然后视情况确定是否继续升高，高空作业车升高时要与登高作业人员密切配合，升降平稳缓慢，确保人身安全。

(十一)严禁任何人在吊物或起重臂下停留或通过，起重吊运时，严禁从人上方通过，用卷扬机起吊时，钢丝绳内外侧严禁无关人员停留或通过，不准用手拉或跨越钢丝绳。

(十二)起重机在野外高低不平的地面上进行吊装作业时，应张开支腿并在支腿下面垫上 5 毫米以上的花纹钢板。

(十三)严禁使用起重机进行斜拉、斜吊和起吊地下埋设或凝固在地面上的重物以及不明重量的物体。

(十四)重要施工工序和危险作业项目包括大型起重机械拆装、移位及负荷试验，特殊杆塔及大型构件吊装，杆塔组立，起重机满负荷起吊，两台及以上起重机抬吊作业，移动式起重机在高压线下方及附近作业，起吊危险品等重要起重作业应根据已审批并交底后的施工方案执行。

(十五)起重设备要定期检验取证，起吊用具和吊绳应定期检查和进行拉力试验，并在起吊用具和吊绳上挂检验合格及荷重标牌。

(十六)正在运行中的各式起重机，严禁进行调整或修理工作，电动起重机的电气设备发生故障时，必须先断开电源，然后才可进行修理，各种起重机检修时，应将吊钩降放在地面。

(十七)如发现吊钩上下限位、大小车限位失灵时，在修复前禁止使用。

(十八)禁止工作人员利用吊钩来上升或下降。

(十九)与工作无关人员禁止在起重工作区域内行走或停留，起重机正在吊物时，任何人不准在吊杆和吊物下停留或行走。

(二十)起重工作完毕或人员休息时，应将操作手柄恢复原位并切断电源。

(二十一)禁止用管道、栏杆、脚手架、瓷件、电缆托架起吊或悬挂重物。

(二十二)遇有大雾、照明不足、指挥人员看不清各工作地点或起重驾驶员看不见指挥人员及看不清指挥信号时，不准进行起重工作；六级以上大风时禁止进行露天起重作业。

第七节　火灾、爆炸事故

一、火灾、爆炸事故

建设工程施工中发生火灾和爆炸事故，主要发生在储存、运输及施工(加工)过程中。有间接原因也有直接原因。间接原因可认为是由基础原因诱发出来的原因，包括技术和管理的原因。

施工中引发火灾和爆炸事故的直接原因是导致事故即酿成火灾和爆炸的前提条件，是在间接原因的基础上，发生事故或扩大成灾的直接诱发原因。直接原因可归纳为如下四个方面。

1. 现场设备设施不符合消防安全的要求，如仓库防火性能低，库内照明不足，通风不良，易燃易爆材料混放；现场内在高压线下设置临时设施和堆放易燃材料；在易燃易爆材料堆放处实施动火作业。

2. 缺少防火、防爆安全装置和设施，如消防、疏散、急救设施不全，或设置不当等。

3. 在高处实施电焊、气割作业时，对作业的周围和下方缺少防护遮挡。

4. 遇雷击、地震、大风、洪水等天灾；雷暴区季节性施工避雷设施失效。

间接原因和直接原因引起的初期火灾和爆炸事故，如果控制不及时，扑救不得力，便会发展扩大成为灾害性事故。

案例分析

案例1　某县境内引水工程（试验段）民工宿舍重大火灾事故

一、事故基本情况

2012 年 10 月 10 日 4 时 58 分，某集团隧道工程有限公司某县境内引水工程项目经理部承建的秦岭隧洞 6 号勘探试验洞主洞延伸段工程项目工地生活区民工宿舍发生重大火灾事故，导致 13 人死亡，25 人受伤，直接经济损失 1183.86 万元。

二、事故调查处理情况

事故发生后，省委、省政府高度重视，全力组织抢险救援，并按照国家和省有关规定，由原省安全监管局牵头，成立了事故调查组，迅速开展事故调查，形成了事故调查报告。

根据调查事实和有关法纪规定，对秦岭隧洞 6 号勘探试验洞主洞延伸段工程项目开挖班负责人董某、施工员陈某、某集团隧道工程有限公司副经理兼项目经理部经理徐某、项目经理部副经理兼二分部负责人成某、某公司某县境内引水项目 6 号洞延伸标段安全工作直接负责人宋某等 5 名事故直接责任人移送司法机关处理。对某集团隧道工程有限公司安质部部长唐某建议给予行政撤职处分；项目经理部安质部部长王某、安全员江某、某集团隧道工程有限公司执行董事长兼总经理黄某、安全总监姚某、某工程协调领导小组办公室工程建设管理处处长周某建议给予行政记大过处分；项目经理部二分部安全员李某、某工程协调领导小组办公室工程建设管理处干部李某、岭北现场部干部刘某建议给予行政记过处分；某工程协调领导小组办公室岭北现场部负责人刘某建议给予行政警告处分；某公司某县境内引水项目6号洞延伸标段总监车某、安全员牟某建议由省建设行政主管部门吊销其监理资质、监理公司予以辞退。责成某工程协调领导小组办公室向省政府做出深刻检查，责成某局向某股份有限公司做出深刻的书面检查，并按有关规定处理了相关责任单位。

案例2　某市某建筑工地火灾事故

一、事故基本情况

2010年12月20日15时57分，某市某地产集团建筑工地发生火灾，烧毁简易机构房及内部生活用品，直接财产损失约40万元。

此起火灾过火区域相对密闭，过火面积大，火势蔓延迅速，消防队接到出警指令后到达现场，经过4小时将火扑灭。

二、事故原因分析

该火灾起火点为该建筑三层西侧第三间房间，经调查认定：本起火灾系当事人睡觉时不慎将有明火的铁皮桶踢翻，桶内火源引燃可燃物引发。主要灾害成因包括以下方面。

（一）消防安全意识差，当事人系流浪人员，走进工地后，使用铁桶生火取暖，并放置于房间床边，将铁桶不慎踢倒。

（二）消防巡查不到位，保卫人员未能及时发现火情，未能及时处置初起火灾，是导致火灾蔓延扩大主要原因。

（三）该集团工地使用国家明令禁止的聚苯乙烯泡沫板作为该简易建筑材料，致使火灾蔓延迅速，扑救难度大。

三、事故经验教训

（一）该事故是典型的在建工程施工工地火灾事故，从中可以看到在建工程施工工地日常消防监督检查工作仍存在盲区，同时，有关建设、施工单位从业人员消防安全意识淡薄，消防安全知识缺乏，没有认真履行日常检查巡查工作职责，存在侥幸心理。

（二）未配置必要的灭火器材，极易导致小火酿成大灾，大多数在建工程施工工地工棚等临时性建筑未按照有关要求配备必要的灭火器材，消防设施、器材、水源缺乏，难以及时有效扑救初起火灾，以至于发生火灾后，不能及时有效地处置，致使小火酿成大灾。

案例3　某仓库非法建设时的较大爆炸事故

2018年3月27日，在某实业有限公司对外出租的废旧仓库内，张某、李某、武某借用某商贸有限公司营业执照进行非法建设时，发生一起爆炸事故，造成9人死亡、3人受伤，直接经济损失约900万元。

一、事故发生经过

2018年3月27日下午，张某、李某、武某、刘某、刘某某组织工人，在租赁的某实业公司原设备仓库内进行非法建设。16时52分，现场施工人员在对一碳钢罐阀门进行动火作业过程中，碳钢罐突然发生爆炸。

二、事故原因和性质

（一）直接原因

经事故调查组鉴定：爆炸罐体残留物为二硝基苯酚，该物质为易制爆危险化学品，遇明火、高温、摩擦、震动或接触碱性物质、氧化剂时均易引起爆炸。

现场施工队伍不具备资质处置废旧罐体，施工作业前未采取清洗、置换、检测等安全措施，违规动火作业产生的高温或火花引爆罐体内残留的二硝基苯酚，加之罐体相对密闭，导致爆炸破坏力加强。

（二）间接原因

1. 张某、李某、武某、刘某、刘某某等人安全意识、法律观念淡薄，冒用工商营业执照，雇用不具备安全资格的施工队，非法组织建设；未建立安全生产责任制、安全生产规章制度和操作规程；未对作业人员进行安全教育培训；未履行安全生产管理职责，未制订动火作业方案、办理动火作业票证；未采取安全措施，未进行安全技术交底，未安排专人进行现场安全管理等。

2. 某商贸公司落实安全生产主体责任不到位，以公司名义办理租赁仓库事宜，且未履行安全管理职责，未对租赁仓库的建设现场进行安全检查，未及时发现并制止非法建设行为。

3. 某实业公司落实安全生产主体责任不到位，未与承租单位签订专门的安全生产管理协议或者约定各自的安全生产管理职责；履行安全管理职责不到位，未对承租单位的安全生产工作进行有效的统一协调、管理，未对承租单位定期进行安全检查，对承租单位非法建设行为失察漏管，放任承租单位非法行为的实施。

4. 某集团未有效督促检查某实业公司贯彻落实安全生产法律法规规章，对该公司安全生产工作存在的问题和薄弱环节失察漏管。

5. 某区安监局履行安全生产监督管理职责不到位，未有效监督管理实际管辖的企业落实安全生产主体责任。

6. 某区政府履行属地安全生产监督管理职责不到位，网格化监管工作不深入、不细致，安全生产"打非治违"工作存在漏洞和盲区。

（三）事故性质

经调查认定，某仓库爆炸事故是一起非法建设导致的较大生产安全责任事故。

三、对事故有关责任人员及责任单位的处理建议

建议司法机关追究刑事责任人员4人，建议事故责任人行政处分和行政处罚10人。对事故有关责任单位的处理建议处以罚款，并纳入安全生产不良记录"黑名单"。

四、事故防范和整改措施建议

（一）切实强化安全生产责任落实

认真贯彻落实中央、省委安全生产领域改革发展意见和《地方党政领导干部安全生产责任制规定》，强化党政同责、一岗双责、齐抓共管、

失职追责，坚持管行业必须管安全、管业务必须管安全、管生产经营必须管安全，切实承担起"促一方发展、保一方平安"的政治责任，做到守土有责、守土负责、守土尽责，坚决遏制各类事故的发生。

（二）严厉打击安全生产非法违法行为

加大明察暗访、联合执法的力度，重拳打击利用租借厂房、闲置库房等进行非法违法生产经营和储存、客车客船非法运营、矿山企业无证开采、油气管道乱挖乱钻、危化品非法运输无证经营、"三合一"生产经营场所等各类非法违法行为，依法严格严厉处置。充分发挥舆论和群众监督的作用，充分发挥村（居）安全监督员的作用，充分发挥举报奖励的激励作用，鼓励广大群众和企业职工举报非法违法案件和存在的问题隐患，第一时间受理、第一时间核查、第一时间处置，确保及时消除非法违法行为。

（三）突出重点环节执法检查

各级各部门各单位要将生产经营单位危险性作业环节纳入执法检查重要内容，对因环保停产、煤改气等生产经营行为，要严格依法依规，强化重点环节执法检查。对企业停产停工、不具备安全生产条件的租赁行为，要严厉打击，坚决禁止。加强对废旧油罐处置的安全监管，逐一查清所有流向，未经置换清洗，不得随意切割改造；未能安全处置的，要立即回收并安全处置。严厉打击油罐非法交易行为，从源头上斩断油罐非法交易链条。对名义上为一般工商贸企业，实际上从事危险物品生产、储存和使用的非法违法行为，重拳出击，绝不养痈为患。突出动火、有限空间、起重吊装、临时用电、抽堵盲板、检维修、开停车、动土、爆破、高处作业等危险性作业，加大检查频次，避免因违章作业造成事故。配备齐全危险性作业必备的器材装备，编制并演练相应的应急预案，确保各项作业环节安全。

（四）加快推进风险分级管控和隐患排查治理双重预防体系建设

各级各部门要把双重预防体系纳入各项执法检查工作中，发现企业应判定而未判定为重大风险、重大风险没有实施最高管理层级管控，且未严格落实管控措施和管控责任的，一律确定为重大事故隐患，一律进行挂牌督办、公开曝光，依法责令停产停业、限期整改；逾期仍达不到要求的，一律依法予以关闭。把风险挺在前面，将双重预防体系建设情况作为发放安全生产许可证的必要条件，严把准入关、审核关。安全生产风险大、不可控，不符合当地经济社会安全发展条件的一律不予准入。加大激励惩戒力度，将企业双重预防体系建设运行工作纳入社会诚信体系建设，对双重预防体系建成并运行良好的企业，纳入诚信行为企业名单；对未开展双重预防体系建设工作或工作流于形式的，纳入失信行为"黑名单"管理，实行联合惩戒。

案例 4 某公司某隧道爆炸事故

2012 年 12 月 25 日 14 时 40 分，某公司六标项目部第六分部，在中南部铁路某隧道 1 号斜井正洞右线进口方向工作面附近违法销毁爆炸物品引发爆炸事故，造成 8 人死亡，5 人受伤，直接经济损失 1026 万元。

一、事故发生经过

按照工程计划，2012 年 12 月 25 日，1 号斜井正洞右线进口方向仅剩一个开挖循环，即到达预定里程，施工处于收尾阶段，由六分部物资部长戴某组织清理剩余的火工品。2012 年 12 月 22、23 日戴某多次催促 2 号炸药库库管员顾某清库。2012 年 12 月 25 日上午 10 时左右，顾某到六分部经理宋某处汇报 2 号炸药库库存爆炸物品还有 14000 米导爆索、4000 米导爆管、部分毫秒雷管和炸药。宋某询问六分部总工程师王某和物资部部长戴某后确认情况属实。顾某建议可以自行销毁多余的爆炸物品，宋某默许并要求注意安全。

25 日上午 11 时左右，作业一队爆破员王某拿着空白领料单找到负责审批的六分部安质部安全员王某，要求领取雷管和炸药。王某电话请示六分部安全总监马某后在空白领料单上签字。

11 时 30 分左右，王某到 2 号炸药库领料，顾某要求把库内剩余的导爆索等爆炸物品也一起领出去，王某电话请示开挖作业一队队长彭某后领出 14000 米导爆索、4000 米导爆管和其他爆炸物品，并运到隧道右线工作面后方约 35 米处卸下。当时开挖面上台阶掘进爆破的炸药已经装好，爆破联线已完成，副班长兼爆破员李某(已在事故中死亡)正在布设放炮母线至 DK301＋267 避车洞附近。工作面除了领工员段某(已在事故中死亡)、班长李某(已在事故中死亡)和李某外，其他人员都已撤离。随后，由段某和李某将导爆索搬运至开挖工作面附近进行摆放，王某也参与搬运了导爆索。

14 时 05 分，发出了放炮警戒信号，14 时 40 分发生爆炸。此时 1 号斜井正洞进口方向隧道内共有作业人员 76 人，其中隧道开挖工程左线 15 人、右线 11 人；砼衬砌人员左线 7 人、右线 23 人；工程部测量组 5 人、质检员 2 人；机修所电工 4 人、装载机司机 2 人、空压机司机 2 人；其他车辆司机 5 人。

二、事故原因和性质

(一)直接原因

某公司违法在隧道内销毁导爆索、导爆管，在距爆源点 400 米的范围内产生强烈的冲击波和大量的一氧化碳有害气体是导致本次事故的直接原因。

国务院《民用爆炸物品管理条例》(第 466 号)第三十九条明确规定：爆破作业单位不再使用民用爆炸物品时，应当将剩余的民用爆炸物品登记造册，报所在地县级人民政府公安机关组织监督销毁。此次爆炸物品销毁事故既无销毁实施方案，又没有报告当地政府有关部门，属违法销毁爆炸物品作业。

(二)间接原因

1. 企业法制观念不强、安全意识淡薄。国家对爆炸物品的领用、出库、使用、退库、销毁均有相关的法规条例和规范标准，但施工单位在进行剩余爆炸物品处理时，违法私自销毁。

2. 爆炸物品管理混乱。企业在对爆炸物品的管理中，没有严格执行《民用爆炸物品管理条例》和《铁路施工单位爆炸物品安全管理办法》的有关规定，爆炸物品管理混乱，不认真履行审批和签字手续，违规领取爆炸物品现象屡有发生。

3. 相关监管部门不认真履行职责，监管不到位。监理单位某公司违反《铁路工程建设监理规范》，对施工单位安全生产工程监理不到位，监理人员擅自离岗，现场监理形同虚设。

建设单位某公司某指挥部对施工企业的安全生产监督管理不到位，协助管理施工安全工作中监督检查不认真，管理不严格，工作中存在薄弱环节。

监督单位某工程质量安全监督总站某监督站未严格执行《铁路建设工程质量安全监督管理办法》的有关规定，虽对六分部的工程实体质量和现场施工安全进行每月不少于一次的抽查，但抽查侧重于工程实体方面，对施工方案中关于施工安全的内容审查把关不严格，对施工现场的监督检查不认真、不彻底，未按规定对炸药库进行例行检查。

某县公安局民爆科及某派出所对六分部爆炸物品的管理使用虽然经常检查，但在检查中不认真、不细致，没有及时发现事故隐患。

（三）事故性质

某公司某隧道爆炸事故是一起企业违法在隧道内销毁爆炸物品导致的责任事故，事故发生后又蓄意瞒报。

三、对事故有关责任人员和责任单位的处理建议

（一）建议移送司法机关处理的人员15人，由公安机关立案侦查11人，由检察机关立案侦查4人。

（二）建议给予党政纪处分的人员21人。

（三）建议责成相关单位作出深刻检查，建议责成某集团有限公司向某股份有限公司作出深刻检查。

四、整改措施

（一）进一步加强火工品安全管理

各类企业要严格按照《民用爆炸物品管理条例》相关规定，将火工品管理纳入日常安全管理的重要内容，加强领导，明确机构，落实责任，

建立健全火工品使用管理制度并严格落实，对剩余和报废的火工品要严格按照有关规定登记造册，报告所在地县级人民政府公安机关组织监督销毁。各级、各有关部门要加强火工品日常监督检查，对有制度不执行、有措施不落实的要依法严厉整治。

（二）从严查处瞒报、迟报事故的行为

各类企业要严格遵守国家法律法规，严肃认真对待每起事故，严格执行事故报告规范程序，严格履行事故上报、救援职责。各级、各有关部门要强化责任意识，及时掌握企业安全生产动态，督促企业按照"国务院493号令"的要求逐级上报事故情况，进一步加大对瞒报、迟报事故行为的查处、打击和惩治力度，从严追究相关单位和人员的责任。

（三）强化铁路等重点项目的安全监管

各级、各有关部门要全面加强铁路等重点项目建设、生产、运营等全过程的安全管理与监督检查，建立并严格落实行业监管，属地监管责任；中央企业、分支机构、省属重点企业要认真履行安全生产主体责任，主动接受当地政府有关部门的监督检查，全面提高安全管理水平；国家派驻机构要切实履行好安全监管职责，完善监管制度，形成安全监管合力。

（四）强化劳务用工安全管理和安全培训

各级、各有关部门要加大对企业劳务用工和安全培训的监督检查力度，特别是加强建筑施工单位的劳动用工管理，严禁使用未经培训或培训考试不合格人员。各企业要严格规范劳务用工行为，落实安全防护措施，要组织从业人员认真参加专项安全学习和岗位培训，提高从业人员的整体素质和职业技能。

（五）加强应急管理，落实应急救援措施

各类企业要进一步完善事故应急救援预案，明确应急反应机构各部门的职能和职责，完善安全生产应急救援工作机制，定期组织演练，储备应急救援物资，加强与消防、医疗、交通、矿山救护、抢险救灾等各公共救援部门的联系，确保事故发生时实施有效的救援。各级、各部门要加强对企业应急救援预案的监督管理，加强应急救援培训，提高企业管理人员和全体员工的应急意识和应急处置能力。

二、火灾、爆炸事故预防处置措施

（一）发生火灾和爆炸，要第一时间迅速扑灭火源和报警，及时疏散有关人员，对伤者进行救治。

（二）火灾发生初期，是扑救的最佳时机，处于火灾部位的人员要及时把握好这一时机，尽快把火扑灭。

（三）在扑救火灾的同时拨打"119"电话报警并及时向上级有关部门及领导报告。

（四）在现场的消防安全管理人员，应立即指挥员工撤离火场附近的可燃物，避免火灾区域扩大。

（五）组织有关人员对事故区域进行保护。

（六）及时指挥、引导员工按预定的线路、方法疏散、撤离事故区域。

（七）发生员工伤亡，马上进行施救，将伤员撤离危险区域，同时拨打"120"电话求救。

第八节　有限空间事故

一、有限空间事故

所谓有限空间，是指封闭或者部分封闭，与外界相对隔离，出入口较为狭窄，作业人员不能长时间在内工作，自然通风不良，易造成有毒有害、易燃易爆物质积聚或者氧含量不足的空间。

有限空间事故特点主要包括以下方面。

1. 作业人员对有限空间概念的陌生，以至于根本无法认清相应空间存在的危害性，这是有限空间事故高发生率的根本原因。

2. 监护、救援人员相关知识的匮乏是导致相应事故高死亡人数的主要原因，经常发生一人在有限空间内作业发生意外，多名救援人员进行营救的死亡事故。

3. 适用救援设备的缺失也是导致相应作业人员高死亡率的原因。

案例分析

案例　某铁路分公司窒息事故

2014 年 7 月 25 日，某铁路分公司综合段某车间综合服务工区在污水井设备检修中，发生一起窒息死亡事故，造成 4 人死亡。

一、事故发生经过和应急处置情况

2014 年 7 月 25 日下午 14 时，某铁路分公司综合段某车间综合服务工区，由工长王某某带领董某、牛某、高某、呼某等 6 名职工到污水井进行检修作业（集水井长 6 米，宽 1 米，深 4 米，容积 24 立方米）。约 16 时 20 分，工长王某某安排高某下井安装检修好的水泵，3 人现场监护、2 人接电作业。高某下井作业时，到井底 20 秒后感到不适并向上攀爬，但由于混合气体中毒四肢无力，掉入井内。随即井上呼某、牛某、王某某、窦某下井施救。听到呼救后，在附近工作的王某、邱某等立即给污水提升井加氧、通风，并相继下去施救，将被困人员全部救出并送往医院。19 时 30 分，因抢救无效，高某、呼某、王某某、窦某 4 人死亡。

二、事故原因及性质

（一）直接原因

事故发生地为有限作业空间，短时间内有毒有害气体聚集，超过允许浓度，造成一定空间内缺氧。作业人员高某在下井作业未检测氧含量、未进行通风的情况下，未佩戴防护用具进入受限空间内作业，呼某、王某、窦某三人，在现场救援环境不明、未采取防护措施的情况下，冒险进入污水井，盲目采用不当救援方法组织施救。

（二）间接原因

1. 污水提升系统设计存在缺陷。某建筑设计有限责任公司在为某临建建筑室外管线工程污水提升系统设计上存在缺陷：一是未单独设置提升泵室，污水泵室未与污水处理室分离，给日常检修作业带来较大安全隐患。二是污水井未设置作业人员上下井爬梯，造成作业人员在紧急情况下无法快速顺利升井。

2. 危险源管控措施现场落实不到位。某铁路分公司综合段 2013 年 8 月 13 日发布了受限空间作业相关制度，对污水井受限空间作业进行了规定。该检修项目未制订相应安全措施方案，没有开展危险源辨识和风险评估，未进行氧含量检测分析，也未采取安全防护措施，受限空间作业制度执行不严，危险源的管控措施现场落实不到位。

3. 安全培训教育不到位。事发工区正在进行站场改造，该工区于 2014 年 6 月 4 日成立，7 月 21 日任命新工长，安全培训教育明显缺位，作业人员对作业过程中存在的安全风险认识不足。

4. 现场作业人员施救不当。作业人员高某已缺氧窒息，呼某、王某、窦某三人，在现场救援环境不明、未采取防护措施的情况下，冒险进入污水井，盲目采用不当救援方法组织施救，未配备必要的现场应急救援设备，现场救援不当导致事故扩大。

（三）事故性质

经调查组认定，某铁路分公司"7·25"窒息事故是一起较大生产安全事故。

三、事故责任认定及处理意见

（一）事故责任人及处理意见

对 8 名相关责任人分别给予撤职、记大过、记过、做出检查处分，并对其处以经济处罚。

（二）事故责任单位及处理意见

1. 某铁路分公司，安全生产主体责任不到位，安全生产责任制和管理制度不健全，受限空间作业环节控制不力，施工设计方案审查缺位，安全教育培训不到位，现场施救不当，对此次事故负有主要责任，建议依据《生产安全事故报告和调查处理条例》第三十七条第二款规定，由市安全监管部门对其予以 30 万元的经济处罚。

2. 某建筑设计有限责任公司，工程设计方案存在缺陷、不够优化，对此次事故负有设计责任，建议依据《生产安全事故报告和调查处理条例》第三十七条第二款规定，由市安全监管部门对其予以 30 万元的经济处罚。

四、事故防范措施

（一）强化企业安全生产主体责任落实

某铁路分公司要全面落实企业安全生产主体责任，严格执行安全生产法律法规和标准规程，认真落实安全生产管理制度，强化对从业人员教育培训，增强自我保护意识。

（二）强化安全隐患排查治理

某铁路分公司要把消除重大安全隐患、防止各类事故发生作为安全管理工作的重中之重，对各级检查中发现的问题登记在册，并跟踪督察整改落实情况，做到安全责任落实到段、车间和班组，对污水井设计不合理、不够优化等问题进行彻底整改，真正消除安全隐患。

（三）强化生产作业现场安全管理

某铁路分公司严格落实有限空间作业安全管理制度，及时现场解决安全生产中遇到的突出问题，坚持不安全不生产，杜绝违章指挥、违章作业、违反劳动纪律的现象发生，全面提高现场工作应对和处置突发事件的能力。

（四）完善企业应急救援预案并强化应急演练

某铁路分公司要完善和充实各种有针对性的应急预案，建立完善企业安全生产预警机制，强化应急演练，防止在危害因素不明或防护措施不完善的情况下冒险作业和盲目施救，提高应急处置能力，确保施救工作快速、有效、科学、安全。

(五)切实强化安全生产属地监管责任

某县政府及有关部门、各乡镇政府要认真学习贯彻习近平总书记关于安全生产工作的重要讲话精神，树立红线意识，警钟长鸣。健全属地监管责任体系，切实加强企业安全监管，加大安全生产宣传教育力度，不断增强安全生产保障能力，防止各类事故发生。

二、有限空间事故预防措施

(一)有限空间作业需掌握的几个原则

1. 进入有限空间作业必须办理许可证，涉及用火、临时用电、高处等作业时，必须办理相应的作业许可证。

2. 许可证审批人和监护人应持证上岗。

3. 作业过程要实行全过程视频监控。对确实难以实施视频监控的作业场所，应在有限空间出口设置视频监控。

4. 有限空间作业要实行"三不进入"。即无进入有限空间作业许可证不进入，监护人不在场不进入，安全措施不落实不进入。

5. 有限空间作业中发生事故后，现场有关人员应当立即报警，禁止盲目施救。应急人员实施救援时，应当做好自身防护，佩戴必要的呼吸器具、救援器材。

(二)有限空间安全作业五条规定

1. 必须严格实行作业审批制度，严禁擅自进入有限空间作业。

2. 必须做到"先通风、再检测、后作业"，严禁通风、检测不合格作业。

3. 必须配备个人防中毒窒息等防护装备，设置安全警示标识，严禁无防护监护措施作业。

4. 必须对作业人员进行安全培训，严禁教育培训不合格上岗作业。

5. 必须制定应急措施，现场配备应急装备，严禁盲目施救。

第九节　其他类型事故

建设工程领域其他安全生产事故主要指淹溺、灼烫、冒顶片帮、透水、中毒、窒息等事故。这种事故容易被忽视，但它的发生经常会引发一系列安全生产事故。

案例分析

案例1　某升级改造项目氮气窒息事故

2016年7月9日17时30分左右，某县某环保设备有限公司在承建某市某有限公司600吨混铁炉除尘器升级改造项目过程中，发生一起氮气窒息事故，造成5人死亡，直接经济损失约500万元。

一、事故发生经过

2016年7月9日，工程施工进入收尾阶段，施工现场分两组分别进行安装和调试作业。一组由周某带领（薛某、霍某、李某、许某4人）从除尘风机入孔进入，通过除尘器箱体到除尘器管道内部，从事管道焊接作业。另外周某队伍中的韩某、张某、王某、董某和冯某5名人员在除尘器箱体外进行辅助作业；另一组由王某带领（米某、李某、孟某3人），在除尘器箱体外从事除尘器卸料电机、输送电机、物料输送方向、反吹系统严密性及除尘器反吹脉冲阀门等设备调试。

14时30分左右，王某进入除尘器箱体内通知正在作业的人员下午要试车、灰斗里不能下人、不能往灰斗丢东西。15时左右，王某从除尘管道出来后，对除尘器外部现场施工人员进行相同内容的告知；16时30分左右，王某到除尘器顶部调试脉冲阀；17时左右，王某安排米某打开缓冲罐阀门送气，开始调试。在调试脉冲反吹系统时，发现多个脉冲阀门漏气，由于维修漏气脉冲阀时间较长，造成大量氮气进入除尘器箱体内部积聚，导致正在除尘器箱体入口管道内进行焊接作业的周某及其所带领的其他人员共5人窒息。

17时25分左右，因安装风机出口管道要使用导链，周某施工队人员韩某通过除尘风机入孔进入除尘器内取导链。进入除尘器箱体后，感觉头晕，随后晕倒在卸料灰斗内，缓醒过来后，赶紧电话向吊车司机张某进行求救，随后发现周某和薛某也倒在除尘器箱体底板上。

二、事故原因和性质

（一）直接原因

在进行除尘器脉冲阀调试作业中，多个脉冲阀泄漏，大量氮气进入除尘箱体内（有限空间），导致正在进行除尘箱体与进气管道焊接的5名作业人员窒息死亡。

（二）间接原因

1. 某县某环保设备有限公司使用伪造的"环保产品销售许可证""安全生产许可证"等证件承包工程，违法将工程转包，未建立安全生产三项制度，主要负责人未取得安全生产管理人员培训合格证书，未对有限空间作业相关人员进行专项安全培训，现场未设置专（兼）职安全生产管理人员。

2. 王某带领的施工队违法承包工程，未按有限空间作业制订调试方案和办理相关票证，未分析此次有限空间作业存在的危险有害因素，未提出消除和控制危害的措施，未充分将存在的危险有害因素和防控措施告知现场作业人员。在进行除尘器脉冲阀调试作业时未确认气体介质种类，未组织箱体内人员撤离，未严格落实特种作业人员持证上岗制度。

3. 周某带领的施工队在进行管道焊接作业前，未办理有限空间作业票；设备调试期间，未带领管道内作业人员撤离；未按规定对本队伍施工人员进行安全培训，未严格落实特种作业人员持证上岗制度。

4. 某市某有限公司对建设项目及外包单位安全生产统一协调、管理不到位；资质审查不严，安全培训教育不全面，现场安全监管缺失；未在氮气缓冲罐区域设置安全警示标识，对氮气的安全使用疏于管理；

未及时发现和制止施工队伍违章指挥、违章作业等问题。

5. 某市某镇党委、政府未全面履行属地监管职责，对建设项目及外委施工疏于监管，未发现和消除该项目建设中的安全隐患和问题。

6. 原某市工信局（现改为工业促进局）未全面履行行业安全监管职责，未发现和消除该项目建设中的安全隐患和问题。

7. 某市安监局（现改为应急局）未认真贯彻落实某市人民政府《印发〈关于进一步加强对发包承包施工单位安全生产监督管理的规定〉的通知》，未发现和消除该项目建设中的安全隐患和问题。

（三）事故性质

经调查认定，这是一起违法转包承包、违章指挥和作业、现场安全管理缺失造成的较大生产安全责任事故。

三、对事故责任人员和责任单位处理建议

由司法机关处理的责任人员4人，企业内部处理人员8人，给予党纪政纪处分人员15人；对4家单位进行问责；对2家单位和1名个人进行行政处罚。

四、整改措施建议

（一）切实加强有限空间作业安全管理

各相关企业必须建立健全有限空间作业制度和操作规程；严格执行有限空间作业票制度，认真分析有限空间作业危险有害因素、控制措施和告知现场作业人员；强化有限空间作业专项安全培训，作业前要开展专项应急演练。

（二）进一步加强外委施工队伍管理

发包单位要建立外委施工项目安全生产责任制度，明确有关人员的管理职责，严格审查和落实外委施工单位资质、安全生产三项制度、人员培训、施工方案等，有效制止违法转包承包行为。

（三）加强对施工现场安全监管

项目负责人要履行统一协调指挥职责，施工现场必须设置专职安全生产管理人员，严禁建设项目安全监管一包了之、以包代管。对项目建

设过程中涉及的危险区域(危险设备、危险介质等)必须设置安全警示标识,组织相关人员认真辨识存在的危险因素,制定相应的安全防范措施及应急处置方案,加强日常安全检查和管理,及时发现和消除事故隐患。

案例2　某线路送出工程一氧化碳中毒事故

2014年8月4日18时30分,由某省火电建设公司承建、某建设工程有限公司施工的某线路送出工程,在进行1号铁塔a腿基座基坑抽水作业时,一名施工人员因一氧化碳中毒晕倒坑底,后数名施救人员陆续中毒。经消防、公安、医护人员合力抢救,受伤人员全部被救出,并及时送至市区医院抢救。截至2014年8月5日11时,该事故共造成2人死亡,3人受伤,其中2人伤情稳定。事故调查组初步认定,人员伤亡原因为一氧化碳中毒。

案例3　某县成功处置一起因施工便道山体滑坡
引起的地质灾害事故

2017年6月29日上午,S228某县城某公路工程项目部专职安全员在巡查过程中,发现K10+960~K11+000段左侧山体有少量泥石滚落,坡体有整体下滑的迹象,立即上报消息并启动应急预案,及时疏散附近行人及车辆,对山体两侧道路进行多道封闭。当天正值某镇赶集,通过该路段的车辆、行人较多,部分车辆、行人不听劝阻,欲强行通过,经项目部值班人员耐心劝阻,并将值班车辆横断该段道路等措施,确保了来往车辆、行人的行路安全。

上午9点22分时,该段山体出现零散泥石滚落,随即出现整体滑坡,滑坡量达1万余立方米,道路全部被泥土淹没,但经项目部值班人员及时果断处置,避免了一起因地质灾害引发的安全事故发生。

随后,业主及监理单位负责人立即责成施工单位全线停工,加强对施工路段和隧道、桥涵的全面排查,重点加强对灾害事故段的管控、监测、预警，确保不发生次生灾害。

本章总结

纵观本章一系列事故案例，我们深刻认识到安全生产管理是工程建设中必不可少的一个环节，也是一项至关重要的工作。国内、国际上安全生产管理水平和安全科技水平提高很快，我国的安全生产状况与工业发达国家相比还有一定差距，安全生产形势依然很严峻。建设工程各行业近年来伤亡事故率呈下降趋势，但重大伤亡事故仍时有发生。需要各级各类行业监管人员、企业全员重视安全，狠抓安全，树牢安全发展理念，认真履职尽责，加强协作配合，努力提高风险防控水平，有效控制事故总量，坚决遏制重特大安全生产事故发生。

附录1 习近平总书记关于安全生产一系列论述摘编

公共安全的内涵

1. 公共安全是最基本的民生

要高度重视公共安全工作，牢记公共安全是最基本的民生的道理，着力堵塞漏洞、消除隐患，着力抓重点、抓关键、抓薄弱环节，不断提高公共安全水平。

——2015 年 6 月 18 日，在贵州调研时强调

公共安全是社会安定、社会秩序良好的重要体现，是人民安居乐业的重要保障。

——2015 年 5 月 29 日，在中共中央政治局
第二十三次集体学习时强调

2. 总体国家安全观

坚持总体国家安全观，以人民安全为宗旨，以政治安全为根本，以经济安全为基础，以军事、文化、社会安全为保障，以促进国际安全为依托，走出一条中国特色国家安全道路。

——2014 年 4 月 15 日，主持召开中央国家
安全委员会第一次会议强调

3. 群众基础

既重视国土安全，又重视国民安全，坚持以民为本、以人为本，坚持国家安全一切为了人民、一切依靠人民，真正夯实国家安全的群众基础。

——2014 年 4 月 15 日，主持召开中央国家
安全委员会第一次会议强调

公共安全的责任

1. 行业必须管安全，管业务必须管安全，管生产必须管安全

落实安全生产责任制，要落实行业主管部门直接监管、安全监管部门综合监管、地方政府属地监管，坚持管行业必须管安全，管业务必须管安全，管生产必须管安全，而且要党政同责、一岗双责、齐抓共管。

——2013 年 7 月 18 日，在中央政治局
第 28 次常委会上强调

2. 党政同责、一岗双责、失职追责

各级党委和政府要牢固树立安全发展理念，坚持人民利益至上，始终把安全生产放在首要位置，切实维护人民群众生命财产安全。要坚决落实安全生产责任制，切实做到党政同责、一岗双责、失职追责。

——2015 年 8 月 15 日，就切实做好安全生
产工作作出重要指示

3. 领导责任、监管责任、主体责任

要切实抓好安全生产，坚持以人为本、生命至上，全面抓好安全生产责任制和管理、防范、监督、检查、奖惩措施的落实，细化落实各级党委和政府的领导责任、相关部门的监管责任、企业的主体责任，深入开展专项整治，切实消除隐患。

——2015 年 5 月 29 日，在中共中央政治局
第二十三次集体学习时强调

当干部不要当得那么潇洒，要经常临事而惧，这是一种负责任的态度。要经常有睡不着觉、半夜惊醒的情况，当官当得太潇洒准要出事。

——2013年7月18日，在中央政治局

第28次常委会上强调

4. 党委和政府责任

要抓紧建立健全安全生产责任体系，党政一把手必须亲力亲为、亲自动手抓。要把安全责任落实到岗位、落实到人头，坚持管行业必须管安全、管业务必须管安全，加强督促检查、严格考核奖惩，全面推进安全生产工作。

——2013年11月24日，在青岛黄岛经济开发区考察

输油管线泄漏引发爆燃事故抢险工作时强调

各级党委和政府要切实承担起"促一方发展、保一方平安"的政治责任，明确并严格落实责任制，落实责任追究。

——2015年5月29日，在中共中央政治局

第二十三次集体学习时强调

各级安全监管监察部门要牢固树立发展决不能以牺牲安全为代价的红线意识，以防范和遏制重特大事故为重点，坚持标本兼治、综合治理、系统建设，统筹推进安全生产领域改革发展。各级党委和政府要认真贯彻落实党中央关于加快安全生产领域改革发展的工作部署，坚持党政同责、一岗双责、齐抓共管、失职追责，严格落实安全生产责任制，完善安全监管体制，强化依法治理，不断提高全社会安全生产水平，更好维护广大人民群众生命财产安全。

——2016年10月31日，全国安全生产监管监察系统

先进集体和先进工作者表彰大会强调

5. 企业责任

所有企业都必须认真履行安全生产主体责任，做到安全投入到位、

安全培训到位、基础管理到位、应急救援到位，确保安全生产。中央企业要带好头做表率。各级政府要落实属地管理责任，依法依规，严管严抓。

——2013 年 11 月 24 日，在青岛黄岛经济开发区考察输油管线
泄漏引发爆燃事故抢险工作时强调

血的教训极其深刻，必须牢牢记取。各级党委和政府要牢固树立安全发展理念，坚持人民利益至上，始终把安全生产放在首要位置，切实维护人民群众生命财产安全。要坚决落实安全生产责任制，切实做到党政同责、一岗双责、失职追责。要健全预警应急机制，加大安全监管执法力度，深入排查和有效化解各类安全生产风险，提高安全生产保障水平，努力推动安全生产形势实现根本好转。各生产单位要强化安全生产第一意识，落实安全生产主体责任，加强安全生产基础能力建设，坚决遏制重特大安全生产事故发生。

——2015 年 8 月 15 日，就切实做好安全生产
工作作出重要指示

对责任单位和责任人要打到疼处、痛处，让他们真正痛定思痛、痛改前非，有效防止悲剧重演。造成重大损失，如果责任人照样拿高薪，拿高额奖金，还分红，那是不合理的。

——2013 年 7 月 18 日，在中央政治局
第 28 次常委会上强调

安全同发展的关系

1. 发展和安全并重

我们要秉持为发展求安全、以安全促发展的理念，让发展和安全两个目标有机融合。

——2014 年 3 月 24 日，在荷兰海牙核
安全峰会上的讲话

既重视发展问题，又重视安全问题，发展是安全的基础，安全是发

展的条件，富国才能强兵，强兵才能卫国。

——2014 年 4 月 15 日，主持召开中央国家

安全委员会第一次会议强调

2. 发展的红线

人命关天，发展决不能以牺牲人的生命为代价。这必须作为一条不可逾越的红线。

——2013 年 6 月 6 日，就做好安全生产

工作作出重要指示

3."一票否决制"

各地区各部门、各类企业都要坚持安全生产高标准、严要求，招商引资、上项目要严把安全生产关，加大安全生产指标考核权重，实行安全生产和重大安全生产事故风险"一票否决"。责任重于泰山。

——2013 年 11 月 24 日，在青岛黄岛经济开发区考察

输油管线泄漏引发爆燃事故抢险工作时强调

公共安全的维护

1. 安全是管出来的

安全生产必须警钟长鸣、常抓不懈，丝毫放松不得，否则就会给国家和人民带来不可挽回的损失。

——2013 年 11 月 24 日，在青岛黄岛经济开发区考察

输油管线泄漏引发爆燃事故抢险工作时强调

2. 一厂出事故、万厂受教育

要做到"一厂出事故、万厂受教育，一地有隐患、全国受警示"。各地区和各行业领域要深刻吸取安全事故带来的教训，强化安全责任，改进安全监管，落实防范措施。

——2013 年 11 月 24 日，在青岛黄岛经济开发区考察输油管线

泄漏引发爆燃事故抢险工作时强调

3. 安全生产大检查

必须建立健全安全生产责任体系，强化企业主体责任，深化安全生产大检查，认真吸取教训，注重举一反三，全面加强安全生产工作。

——2013 年 11 月 24 日，在青岛黄岛经济开发区考察输油管线

泄漏引发爆燃事故抢险工作时强调

安全生产，要坚持防患于未然。要继续开展安全生产大检查，做到"全覆盖、零容忍、严执法、重实效"。要采用不发通知、不打招呼、不听汇报、不用陪同和接待，直奔基层、直插现场，暗查暗访，特别是要深查地下油气管网这样的隐蔽致灾隐患。要加大隐患整改治理力度，建立安全生产检查工作责任制，实行谁检查、谁签字、谁负责，做到不打折扣、不留死角、不走过场，务必见到成效。

——2013 年 11 月 24 日，在青岛黄岛经济开发区考察输油管线

泄漏引发爆燃事故抢险工作时强调

4. 公共安全法治化

党的十八大提出要加强公共安全体系建设，党的十八届三中全会围绕健全公共安全体系提出食品药品安全、安全生产、防灾减灾救灾、社会治安防控等方面体制机制改革任务，党的十八届四中全会提出了加强公共安全立法、推进公共安全法治化的要求。

——2015 年 5 月 29 日，在中共中央政治局

第二十三次集体学习时强调

5. 公共安全教育

要把公共安全教育纳入国民教育和精神文明建设体系，加强安全公益宣传，健全公共安全社会心理干预体系，积极引导社会舆论和公众情绪，动员全社会的力量来维护公共安全。

——2015 年 5 月 29 日，在中共中央政治局

第二十三次集体学习时强调

6. 坚持底线思维着力防范化解重大风险

坚持以新时代中国特色社会主义思想为指导，全面贯彻落实党的十九大和十九届二中全会、三中全会精神，深刻认识和准确把握外部环境的深刻变化和我国改革发展稳定面临的新情况新问题新挑战，坚持底线思维，增强忧患意识，提高防控能力，着力防范化解重大风险，保持经济持续健康发展和社会大局稳定，为决胜全面建成小康社会、夺取新时代中国特色社会主义伟大胜利、实现中华民族伟大复兴的中国梦提供坚强保障。

维护社会大局稳定，要切实落实保安全、护稳定各项措施，下大气力解决好人民群众切身利益问题，全面做好就业、教育、社会保障、医药卫生、食品安全、安全生产、社会治安、住房市场调控等各方面工作，不断增加人民群众获得感、幸福感、安全感。

——2019 年 1 月 21 日，在省部级主要领导干部坚持
底线思维防范化解重大风险专题研讨班
开班式上发表重要讲话强调

附录 2　李克强总理关于安全生产重要批示指示摘选

要求进一步加强和改进安全生产工作，安全生产是人命关天的大事，是不能踩的"红线"。要认真总结前一阶段全国安全生产大检查工作，汲取生命和鲜血换来的教训，筑牢科学管理的安全防线。安全生产既是攻坚战也是持久战，要树立以人为本、安全发展理念，创新安全管理模式，落实企业主体责任，提升监管执法和应急处置能力。安全生产工作要坚持预防为主、标本兼治，经常性开展安全检查，搞好预案演练，建立健全长效机制。

——2013 年 12 月 6 日，在国务院安全生产委员会
全体会议上对安全生产工作的重要批示

当前安全生产形势依然严峻，务必高度重视，警钟长鸣。各地区各部门要坚持人民利益至上，牢固树立安全发展理念，以更大的努力、更有效的举措、更完善的制度，进一步落实企业主体责任、部门监管责任、党委和政府领导责任，扎实做好安全生产各项工作，强化重点行业领域安全治理，加快健全隐患排查治理体系、风险预防控制体系和社会共治体系，依法严惩安全生产领域失职渎职行为，坚决遏制重特大事故频发势头，确保人民群众生命财产安全。

——2016 年 1 月 6 日，在中共中央政治局常委会
会议上对安全生产批示

今年以来，在各方面共同努力下，全国安全生产形势总体稳定，但重特大事故多发势头仍未得到有效遏制，造成的重大人员伤亡和损失令人痛心，也暴露出安全生产相关领域的工作仍存在诸多不足与隐患。各地区、各部门尤其是各级领导干部要深刻汲取教训，坚持生命安全至上、人民利益至上，坚持安全发展理念，坚持依法治安、源头防范、系统治理，切实加强安全风险识别管控和隐患排查治理，切实加大安全基础保障能力建设力度，切实落实安全生产责任制、强化工作考核，依法严惩违法违规和失职渎职行为。加快制定完善相关法律法规和标准，进一步深化安全监管体制改革和机制创新。当前，要特别重视做好极端天气和重大灾害预警预报、检查督查和应急处置工作，强化各项安全防范措施，坚决遏制重特大事故发生，切实把保障人民群众生命安全的承诺落到实处。

——2016 年 7 月 20 日，在中共中央政治局
常委会会议上作出批示

安全生产是经济社会发展的重要基础和保障，当前，我国安全生产形势依然复杂严峻，工作不能有丝毫松懈。望牢固树立新发展理念，坚持人民利益至上，切实增强红线意识，进一步推进安全生产领域改革，深化重点行业领域专项治理，狠抓隐患排查、责任落实、健全制度和完善监管，强化安全科技、应急管理等基础工作，加快建立安全风险防控体系，更加细致扎实地做好安全生产各项工作，为全面建成小康社会作出更大贡献。

——2016 年 10 月 31 日，对全国安全生产监管监察系统先进
集体和先进工作者表彰大会作出批示

安全生产工作事关经济社会发展大局，不能有丝毫放松，望全面深入贯彻党的十九大精神，以习近平新时代中国特色社会主义思想为指导，坚持以人民为中心，牢固树立安全发展理念，统筹推进安全生产领域改革发展，进一步健全完善安全生产责任体系、法治体系、风险防控体系和监管保障体系，抓住重点领域深入排查治理安全隐患，坚决防范遏制重特大事故，为推动经济高质量发展和民生改善作出新的贡献。

——2018 年 1 月 25 日，在全国安全生产
电视电话会议上作出重要批示

附录3　建设工程安全生产管理关键词解析

第一节　安全生产职责篇

两个主体

政府是安全生产的监管主体，企业是安全生产的责任主体。

两个负责制

政府行政首长和企业法定代表人两个负责制，是我国安全生产工作的基本责任制度。

安全生产"党政同责"

各级党委、政府将安全生产工作列入重要工作内容，党委、政府对安全生产工作共同负领导责任，政府对安全生产工作负全面监管责任。

安全生产"一岗双责"

地方各级人民政府及其有关部门的主要负责人分别对本行政区域、本行业安全生产工作负全面领导责任；分管安全生产的负责人是安全生产工作综合监督管理的责任人，对安全生产工作负组织领导和综合监督管理领导责任；其他负责人对各自分管工作范围内的安全生产工作负直接领导责任。

各级政府"三个清单"

权力清单、责任清单、负面清单。

安全生产"三个责任"

企业主体责任、部门监管责任、属地监管责任。

"五级五覆盖"（安全生产责任体系）

在省、市、县（区）、乡镇（街道）、行政村（社区）五级做到"五个覆盖"，即"党政同责"全覆盖，"一岗双责"全覆盖，"三个必须（管行业必须管安全、管业务必须管安全、管生产经营必须管安全）"全覆盖，"政府（行政）主要负责人担任安委会主任"全覆盖，"安全生产部门定期向本级纪检、组织部门报送安全生产情况"全覆盖。

五落实

（一）必须落实"党政同责"要求，董事长、党组织书记、总经理对本企业安全生产工作共同承担领导责任。

（二）必须落实安全生产"一岗双责"，所有领导班子成员对分管范围内安全生产工作承担相应职责。

（三）必须落实安全生产组织领导机构，成立安全生产委员会，由董事长或总经理担任主任。

（四）必须落实安全管理力量，依法设置安全生产管理机构，配齐配强注册安全工程师等专业安全管理人员。

（五）必须落实安全生产报告制度，定期向董事会、业绩考核部门报告安全生产情况，并向社会公示。

五到位

安全责任到位、安全投入到位、安全培训到位、安全管理到位、应急救援到位。

红线意识

2013年6月6日，习近平总书记就做好安全生产工作作出重要指示：接连发生的重特大安全生产事故，造成重大人员伤亡和财产损失，必须引起高度重视。人命关天，发展决不能以牺牲人的生命为代价。这必须作为一条不可逾越的红线。要始终把人民生命安全放在首位，以对党和人民高度负责的精神，完善制度、强化责任、加强管理、严格监管，把安全生产责任制落到实处，切实防范重特大安全生产事故的发生。

地方党政领导干部安全生产责任制指导思想

实行地方党政领导干部安全生产责任制，必须以习近平新时代中国特色社会主义思想为指导，切实增强政治意识、大局意识、核心意识、看齐意识，牢固树立发展决不能以牺牲安全为代价的红线意识，按照高质量发展要求，坚持安全发展、依法治理，综合运用巡查督查、考核考查、激励惩戒等措施，加强组织领导，强化属地管理，完善体制机制，有效防范安全生产风险，坚决遏制重特大生产安全事故，促使地方各级党政领导干部切实承担起"促一方发展、保一方平安"的政治责任，为统筹推进"五位一体"总体布局和协调推进"四个全面"战略布局营造良好稳定的安全生产环境。

地方党政领导干部安全生产责任制方针原则

实行地方党政领导干部安全生产责任制，应当坚持党政同责、一岗双责、齐抓共管、失职追责，坚持管行业必须管安全、管业务必须管安全、管生产经营必须管安全。

地方各级党委和政府主要负责人是本地区安全生产第一责任人，班子其他成员对分管范围内的安全生产工作负领导责任。

地方各级党委主要负责人安全生产职责主要包括

（一）认真贯彻执行党中央以及上级党委关于安全生产的决策部署和指示精神，安全生产方针政策、法律法规。

（二）把安全生产纳入党委议事日程，及时组织研究解决安全生产重大问题。

（三）把安全生产纳入党委常委会及其成员职责清单，督促落实安全生产"一岗双责"制度。

（四）加强安全生产监管部门领导班子建设、干部队伍建设和机构建设，支持人大、政协监督安全生产工作，统筹协调各方面重视支持安全生产工作。

（五）推动将安全生产纳入经济社会发展全局，纳入国民经济和社会发展考核评价体系，作为衡量经济发展、社会治安综合治理、精神文明建设成效的重要指标和领导干部政绩考核的重要内容。

（六）大力弘扬生命至上、安全第一的思想，强化安全生产宣传教育和舆论引导，将安全生产方针政策和法律法规纳入党委理论学习中心组学习内容和干部培训内容。

县级以上地方各级政府主要负责人安全生产职责主要包括

（一）认真贯彻落实党中央、国务院以及上级党委和政府、本级党委关于安全生产的决策部署和指示精神，安全生产方针政策、法律法规。

（二）把安全生产纳入政府重点工作和政府工作报告的重要内容，组织制定安全生产规划并纳入国民经济和社会发展规划，及时组织研究解决安全生产突出问题。

（三）组织制定政府领导干部年度安全生产重点工作责任清单并定期检查考核，在政府有关工作部门"三定"规定中明确安全生产职责。

（四）组织设立安全生产专项资金并列入本级财政预算、与财政收入保持同步增长，加强安全生产基础建设和监管能力建设，保障监管执法必需的人员、经费和车辆等装备。

（五）严格安全准入标准，推动构建安全风险分级管控和隐患排查治理预防工作机制，按照分级属地管理原则明确本地区各类生产经营单位的安全生产监管部门，依法领导和组织生产安全事故应急救援、调查处理及信息公开工作。

（六）领导本地区安全生产委员会工作，统筹协调安全生产工作，推动构建安全生产责任体系，组织开展安全生产巡查、考核等工作，推动加强高素质专业化安全监管执法队伍建设。

县级以上地方各级政府原则上由担任本级党委常委的政府领导干部分管安全生产工作，其安全生产职责主要包括

（一）组织制定贯彻落实党中央、国务院以及上级及本级党委和政府关于安全生产决策部署，安全生产方针政策、法律法规的具体措施。

（二）协助党委主要负责人落实党委对安全生产的领导职责，督促落实本级党委关于安全生产的决策部署。

（三）协助政府主要负责人统筹推进本地区安全生产工作，负责领导安全生产委员会日常工作，组织实施安全生产监督检查、巡查、考核等工作，协调解决重点难点问题。

（四）组织实施安全风险分级管控和隐患排查治理预防工作机制建设，指导安全生产专项整治和联合执法行动，组织查处各类违法违规行为。

（五）加强安全生产应急救援体系建设，依法组织或者参与生产安全事故抢险救援和调查处理，组织开展生产安全事故责任追究和整改措施落实情况评估。

（六）统筹推进安全生产社会化服务体系建设、信息化建设、诚信体系建设和教育培训、科技支撑等工作。

县级以上地方各级政府其他领导干部安全生产职责主要包括

（一）组织分管行业（领域）、部门（单位）贯彻执行党中央、国务院以及上级及本级党委和政府关于安全生产的决策部署，安全生产方针政策、法律法规。

（二）组织分管行业（领域）、部门（单位）健全和落实安全生产责任制，将安全生产工作与业务工作同时安排部署、同时组织实施、同时监督检查。

（三）指导分管行业（领域）、部门（单位）把安全生产工作纳入相关发展规划和年度工作计划，从行业规划、科技创新、产业政策、法规标准、行政许可、资产管理等方面加强和支持安全生产工作。

（四）统筹推进分管行业（领域）、部门（单位）安全生产工作，每年定期组织分析安全生产形势，及时研究解决安全生产问题，支持有关部门依法履行安全生产工作职责。

（五）组织开展分管行业（领域）、部门（单位）安全生产专项整治、目标管理、应急管理、查处违法违规生产经营行为等工作，推动构建安全风险分级管控和隐患排查治理预防工作机制。

企业安全生产主体责任包括以下方面

主体责任主要包括组织机构保障责任、规章制度保障责任、物质资金保障责任、教育培训保障责任、安全管理保障责任、事故报告和应急救援责任。

企业安全生产责任制应该覆盖以下人群

生产经营单位应当建立、健全安全生产责任制度，实行全员安全生产责任制，明确生产经营单位主要负责人、其他负责人、职能部门负责人、生产车间(区队)负责人、生产班组负责人、一般从业人员等全体从业人员的安全生产责任，并逐级进行落实和考核。

企业主要负责人包括以下人员

生产经营单位的主要负责人，包括董事长、总经理、个人经营的投资人以及对生产经营单位进行实际控制的其他人员。

安全管理制度应该包括以下方面

安全生产管理制度应当涵盖本单位的安全生产会议、安全生产资金投入、安全生产教育培训和特种作业人员管理、劳动防护用品管理、安全设施和设备管理、职业病防治管理、安全生产检查、危险作业管理、事故隐患排查治理、重大危险源监控管理、安全生产奖惩、事故报告、应急救援，以及法律、法规、规章规定的其他内容。

企业主要负责人要履行以下职责

(一)建立、健全本单位安全生产责任制。

(二)组织制定并督促安全生产管理制度和安全操作规程的落实。

(三)确定符合条件的分管安全生产的负责人、技术负责人。

(四)依法设置安全生产管理机构并配备安全生产管理人员，落实本单位技术管理机构的安全职能并配备安全技术人员。

(五)定期研究安全生产工作，向职工代表大会、职工大会或者股东大会报告安全生产情况，接受工会、从业人员、股东对安全生产工作的监督。

（六）保证安全生产投入的有效实施，依法履行建设项目安全设施和职业病防护设施与主体工程同时设计、同时施工、同时投入生产和使用的规定。

（七）组织建立安全生产风险管控机制，督促、检查安全生产工作，及时消除生产安全事故隐患。

（八）组织开展安全生产教育培训工作。

（九）依法开展安全生产标准化建设、安全文化建设和班组安全建设工作。

（十）组织实施职业病防治工作，保障从业人员的职业健康。

（十一）组织制定并实施事故应急救援预案。

（十二）及时、如实报告事故，组织事故抢救。

（十三）法律、法规、规章规定的其他职责。

企业安全管理机构或安全管理人员分配比例

矿山、金属冶炼、建筑施工、道路运输单位和危险物品的生产、经营、储存单位，应当设置安全生产管理机构或者配备专职安全生产管理人员。

前款规定以外的其他生产经营单位，从业人员超过一百人的，应当设置安全生产管理机构或配备专职安全生产管理人员；从业人员在一百人以下的，应当配备专职或兼职的安全生产管理人员。

哪些企业要设安全总监，哪些企业要成立安委会

从业人员在 300 人以上的高危生产经营单位应当设置安全总监，协助本单位主要负责人履行安全生产管理职责，专项分管本单位安全生产管理工作。

从业人员在 300 人以上的高危生产经营单位和从业人员在 1000 人以上的其他生产经营单位，应当建立本单位的安全生产委员会。

企业改制、破产、收购、重组后，主体责任怎么转移

生产经营单位因改制、破产、收购、重组等发生产权变动的，在产权变动完成前，安全生产的相关责任主体不变；产权变动完成后，由受让方承担安全生产责任；受让方为两个以上的，由控股方承担安全生产责任。

企业安全生产资金可以用在以下方面

（一）完善、改造和维护安全防护及监督管理设施设备支出。

（二）配备、维护、保养应急救援器材、设备和物资支出，制定应急预案和组织应急演练支出。

（三）开展重大危险源和事故隐患评估、监控和整改支出。

（四）安全生产评估检查、专家咨询和标准化建设支出。

（五）配备和更新现场作业人员安全防护用品支出。

（六）安全生产宣传、教育、培训支出。

（七）安全生产适用的新技术、新标准、新工艺、新装备的推广应用支出。

（八）安全设施及特种设备检测检验支出。

（九）参加安全生产责任保险支出。

（十）其他与安全生产直接相关的支出。

如何做好隐患排查治理工作

生产经营单位应当建立健全安全生产隐患排查治理体系，定期组织安全检查，开展事故隐患自查自纠。对检查出的问题应当立即整改；不能立即整改的，应当采取有效的安全防范和监控措施，制订隐患治理方案，并落实整改措施、责任、资金、时限和预案；对于重大事故隐患，应当及时将治理方案向负有安全生产监督管理职责的部门报告，并由负有安全生产监督管理职责的部门对其治理情况进行督办，督促生产经营单位消除重大事故隐患。

安全检查查什么

（一）安全生产管理制度健全和落实情况。

（二）设备、设施安全运行状态，危险源控制状态，安全警示标志设置情况。

（三）作业场所达到职业病防治要求情况。

（四）从业人员遵守安全生产管理制度和操作规程情况，了解作业场所、工作岗位危险因素情况，具备相应的安全生产知识和操作技能情况，特种作业人员持证上岗情况。

（五）发放配备的劳动防护用品情况，从业人员佩带和使用情况。

（六）现场生产管理、指挥人员违章指挥、强令从业人员冒险作业行为情况，以及对从业人员的违章违纪行为及时发现和制止情况。

（七）安全生产事故应急预案的制定、演练情况。

（八）其他应当检查的安全生产事项。

第二节　安全生产管理篇

安全生产

安全生产是为了使生产过程在符合物质条件和工作秩序下进行的，防止发生人身伤亡和财产损失等生产事故，消除或控制危险、有害因素，保障人身安全与健康、设备和设施免受损坏、环境免遭破坏的总称。

安全生产方针

以人为本，坚持安全发展，坚持安全第一、预防为主、综合治理。

安全生产工作理念

以人为本、安全发展

安全生产法十二字方针

安全第一、预防为主、综合治理

安全生产法十大亮点

（一）坚持以人为本，推进安全发展。

（二）建立完善安全生产方针和工作机制。

（三）落实"三个必须"，明确安全监管部门执法地位。

（四）明确乡镇人民政府以及街道办事处、开发区管理机构安全生产职责。

（五）进一步强化生产经营单位的安全生产主体责任。

（六）建立事故预防和应急救援的制度。

（七）在总则部分明确提出推进安全生产标准化工作，对强化安全生产基础建设，促进企业安全生产水平持续提升将产生重大而深远的影响。

（八）通过引入保险机制，促进安全生产，国家鼓励生产经营单位投保安全生产责任保险。

（九）推进安全生产责任保险制度。

（十）加大对安全生产违法行为的责任追究力度。

安全生产标准化

指通过建立安全生产责任制，制定安全管理制度和操作规程，排查治理隐患和监控重大危险源，建立预防机制，规范生产行为，使各生产环节符合有关安全生产法律法规和标准规范的要求，人（人员）、机（机械）、料（材料）、法（工法）、环（环境）、测（测量）处于良好的生产状态，并持续改进，不断加强企业安全生产规范化建设。

本质安全

设备、设施或技术工艺含有内在的能够从根本上防止发生事故的功能。包括"失误—安全"功能（操作者即使操作失误，也不会发生事故或伤害，或者说设备、设施和技术工艺本身具有自动防止人的不安全行为的功能）和"故障—安全"功能（设备设施或技术工艺发生故障或损坏时，还能暂时维持正常工作或者自动转变为安全状态）两个部分。

安全生产责任制

是安全生产法规建立的各级领导、职能部门、工程技术人员、岗位操作人员在劳动生产过程中对安全生产层层负责的制度，这是保证安全生产的重要的组织措施。

劳动防护用品

由生产经营单位为从业人员配备的，使其在劳动过程中免遭或者减轻事故伤害及职业病的个人防护装备。

劳动保护

是根据国家法律、法规依靠科学技术和管理，采取技术措施和管理措施，消除生产过程中危及人身安全和健康的不良环境、不安全设备和设施、不安全环境、不安全场所和不安全行为、防止伤亡事故和职业危害，保障劳动者在生产过程中的立法、组织和技术措施的总称。

安全生产检查

是指针对生产过程及安全管理中可能存在的隐患、有害与危险因素、缺陷等进行查证，以确定隐患或有害与危险因素缺陷的存在状态，以及它们转化为事故的条件，以便制定整改措施，消除隐患和危险因素，确保生产的安全。分为①定期安全生产检查；②经常性安全生产检查；③季节性及假日前后安全生产检查；④专业（项）安全生产检查；⑤综合性安全生产检查；⑥职工代表不定期对安全生产的巡查等六种类型。

三级安全教育

是指对新入厂职员、工人的厂级安全教育、车间级安全教育和岗位（工段、班组）安全教育。是企业安全教育的基本教育制度。

三大规程

指《工厂安全卫生规程》《建筑安装工程安全技术规程》以及《工人职员伤亡事故报告规程》。

安全三原则

一是整顿整理工作地点，有一个整洁有序的作业环境；二是经常维护保养设备和设施；三是按照规范标准进行操作。

安全生产管理五要素

安全文化、安全法制、安全责任、安全科技、安全投入是保障安全生产的"五要素"。

（一）安全文化

安全文化即安全意识，是安全生产的灵魂。建设安全文化，就是提高全民的安全素质，最终达到保障员工的生命安全。围绕安全生产建设

161

安全文化，其重点就是要加强安全宣传教育，普及安全常识，强化全社会的安全意识，强化公民的自我保护意识。

（二）安全法制

安全法制是安全生产的利器。要保证安全生产工作的顺利进行，必须坚持"以法治安"，用法律法规来规范生产工作者的行为，使安全生产工作有法可依、有章可循，建立安全生产法制秩序。坚持"依法治安"，必须"立法""懂法""守法""执法"。"立法"要建立、修订、完善安全生产管理相关的规定、办法、细则等，为强化安全生产管理提供法律依据。"懂法"，要实现安全生产法制化，"立法"是前提，"懂法"是基础。只有生产工作者学法、懂法、知法，才能为"以法治安"打好基础。"守法"，要把依法治安落实到安全生产管理全过程，必须把各项安全规章制度落实到安全生产管理全过程。"执法"，要坚持"以法治安"，离不开监督检查和严格执法。为此，要依法进行安全检查、安全监督，维护安全法规的权威性。

（三）安全责任

安全责任是安全生产的核心，必须层级落实安全责任。牢固树立安全责任意识，要以全面落实安全生产责任制为核心，坚持事前预防、事中监督、事后处理，多管齐下，使各个环节、各个阶段、各个岗位的安全责任都能得到有效落实。

（四）安全科技

安全科技是安全生产的动力。发展安全生产必须依靠先进的科学技术，创新安全科技将劳动者从繁重的体力、脑力劳动中解放出来，从风险大、危害大的作业环境和生产岗位上解放出来。应用先进的安全装置、防护设施、预测报警技术都是解放生产力、保护生产力、发展生产力的最重要途径，安全科学技术是安全生产的先导，是科学生产的延伸，是安全生产的强力技术支持和巨大的动力源泉。

（五）安全投入

安全投入是安全生产的保障，也是安全生产的物质及非物质保障，是保护生产力、提高生产力的重要表现形式。安全生产的硬件、软件的改造与更新，安全生产环境的改善必须投入，有投入才会有更高的回报。有计划的安全投入一方面要见其实效，但不可忽视安全投入的迟后效应和公益效应，安全投入具有厚积薄发的巨大潜力。

特种设备

特种设备是指涉及生命安全、危险性较大的锅炉、压力容器（含气瓶）、压力管道、电梯、起重机械、客运索道、大型游乐设施和场（厂）内专用机动车辆。

特种作业

指容易发生人员伤亡事故，对操作者本人、他人的生命健康及周围设施的安全可能造成重大危害的作业。直接从事特种作业的人员称为特种作业人员。

"三违"

指违章指挥、违章操作、违反劳动纪律。

三同时

生产经营单位新建、改建、扩建工程项目的劳动安全设施，必须与主体工程同时设计、同时施工、同时投入生产和使用。

6S 管理

是一种管理模式，即整理、整顿、清扫、清洁、修养（素养）、安全。

新工人的三级教育

入厂教育、车间教育、岗位（班组）教育。

安全标志

禁止标志（红色）、警告标志（黄色）、指示标志（蓝色）

十大不安全心理因素

侥幸、麻痹、偷懒、逞能、莽撞、心急、烦躁、赌气、自满、好奇。

四不伤害

不伤害自己、不伤害别人、不被别人伤害、保护他人不受伤害。

我国消防工作方针

预防为主，防消结合。

八懂

懂规章制度和责任；懂岗位技术的规定；懂安全生产的方针和政策；懂设备构造和性能；懂工艺流程和原理；懂防火常识和规定；懂尘毒危害和治理；懂伤亡事故报告的规定。

四会

会操作维护和保养；会排除故障和预防；会正确使用防护用品，会防火救火和报警。

安全电压

对于比较干燥而触电危险性较大的环境，国际电工标准协会规定安全电压为 50V 以下，我国规定安全电压为 36V。对于潮湿且触电危险性较大的环境，国际电工标准协会规定为 25V 以下，我国则规定为 12V。对于在游泳池或其他因触电导致严重二次事故的环境，国际电工标准协会规定为 2.5V 以下，我国无规定。一般认为，这种环境的安全电压可采用 3V。

可引起职业病的有害因素

主要有化学因素、物理因素和生物因素，另外还有社会心理因素和人机工效学因素。

接地装置

直接与土壤接触，用以与大地作为一定流散电阻的电气连接的金属导体或导电组称为接地体，通常由金属管制成。

直接经济损失

因事故造成人身伤亡及善后处理支出的费用和毁坏财产的价值。其统计范围如下：

（一）人身伤亡所支出的费用，包括医疗费用（含护理费）、丧葬及抚恤费用、补助及救济费用和停工工资等。

（二）善后处理费用，包括处理事故的事务性费用、现场抢救费用、清理现场费用、事故罚款和赔偿费用。

（三）财产损失费用，包括固定资产损失和流动资产损失。

间接经济损失

因事故导致产值减少、资源破坏和受事故影响而造成其他损失的价值。其统计范围有：

（一）停产、减产损失价值，即按事故发生之日起到恢复正常生产水平时止的损失价值。

（二）工作损失价值。

（三）资源损失价值。

（四）处理因事故造成环境污染的费用。

（五）补充新职工的培训费用。

（六）其他损失费用。

六条禁令

严禁特种作业无有效操作证人员上岗操作；严禁违反操作规程操作；严禁无票证从事危险作业；严禁脱岗、睡岗和酒后上岗；严禁违反规定运输民爆物品、放射源和危险化学品；严禁违章指挥、强令他人违章作业。

"四全"安全管理

全员、全面、全过程、全天候。

"四查"安全管理

查领导、查思想、查隐患、查制度。

施工动火"三不准"

没有用火批准单不准动火；没有防火措施不准动火；没有指定专人现场监督不准动火。

防火的四项基本措施

控制可燃物、隔绝空气、消除着火源、防止火蔓延。

灭火器的使用方法

（一）拔去保险销。

（二）手握灭火器橡胶喷嘴，对向火焰根部。

（三）将灭火器上部手柄压下，灭火剂喷出。

（四）灭火时，灭火器要保持直立，不宜水平或颠倒使用。

起重作业"十不吊"

（一）指挥信号不明或多人指挥不吊。

（二）超过负荷不吊。

（三）工作捆扎不牢不吊。

（四）吊物上站人不吊。

（五）安全装置失灵不吊。

（六）物件埋在地下不吊。

（七）照明不足不吊。

（八）斜拉斜吊不吊。

（九）物件锐角处不垫软物不吊；物体下有人不吊。

（十）处于六级以上强风环境不准吊。

触电的处理方法

如果触电，首先要迅速脱离电源，关掉电闸或用干木棍把电线挑开，如果触电人员心跳呼吸已经停止，要立即进行心肺复苏。

安全管理"五个须知"

（一）知道本单位安全重点部位。

（二）知道本单位安全责任体系和管理网络。

（三）知道本单位安全操作规程和标准。

（四）知道本单位存在的事故隐患和防范措施。

（五）知道并掌握事故抢险预案。

安全操作规程

也称"安全技术须知"或"安全技术细则"，是企业根据生产性质、设备技术的特点，结合实际给各工种工人制定的安全操作守则。

电器作业"五不准"

（一）非持证电工不准装接电气设备。

（二）任何人不准玩弄电器设备和开关。

（三）不准用水冲洗电气设备。

（四）熔断丝熔断后，不准调换容量不符的熔丝。

（五）发现有人触电，应立即切断电源进行抢救。

下班离岗前"四要"

（一）电闸要拉下断开。

（二）液流开关要关闭。

（三）各种用具要清点后整齐放好。

（四）火种要妥善处理好。

安全管理"九个到位"

（一）领导责任到位。

（二）教育培训到位。

（三）安管人员到位。

（四）规章执行到位。

（五）技术技能到位。

（六）防范措施到位。

（七）检查力度到位。

（八）整改处罚到位。

（九）全员意识到位。

职业病

职业病，是指企业、事业单位和个体经济组织的劳动者在职业活动中，因接触各种有害的化学、物理、生物因素以及在作业过程中产生的其他职业有害因素而引起的疾病。

生产要害部位

一旦发生事故，造成的人员伤亡大，经济损失大，社会政治影响大的生产、生活和人员集中的活动场所。

事故隐患

就是与安全法规、安全制度、安全标准、安全操作规程相违背，相抵触的人的行为和物的状态。简单地说就是人的不安全行为和物的不安全状态。

有感领导

有感领导就是要求各级领导干部要带头传播安全环保理念，带头学习和遵守规章制度，带头开展风险识别，带头进行安全经验分享，不断提升个人的安全环保管理能力，认真履行好本岗位的安全环保职责，坚持安全环保从自身做起，从细节做起。以身作则，率先垂范。切实通过可视、可感、可悟的个人安全行为，使员工感知到安全生产的重要性，感受到领导做好安全的示范性，感悟到自身做好安全的必要性。

直线组织原则

企业各级行政单位从上到下实行垂直领导，下属部门只接受一个上级的安全指令，各级主管负责人对所属单位的一切安全问题负责的一种组织形式。

属地管理原则

属地管理就是要落实企业每一位领导对分管领域、业务、系统的安全环保负责，落实每一名员工对自己工作岗位区域内的安全环保负责，包括对区域内设备、作业活动及承包商的安全环保负责，做到谁的领域谁负责、谁的区域谁负责、谁的属地谁负责。养成在做任何工作之前，首先进行危害辨识和风险评估，在安全的前提下再开展各项工作的良好习惯。把岗位职责和属地责任融为一体，做到事事有人管、人人有专责，管理过程不空位、不越位、不缺位。

安全经验分享

利用会议、培训等各种集会的场合，启发大家讲授自己亲身经历或所见所闻的案例或注意事项，从而达到经验分享的目的，把一个人的经验变成所有人的经验，带动全员对安全工作的参与，创造一种针对安全的"学习文化"。

五步工作法

即在一项操作之前：第一，观察工作地点环境；第二，工作程序在大脑中过一遍；第三，观察周围的其他活动；第四，思考可能存在的危险；第五，识别和控制它们。

安全工作三个百分百

百分百遵守各项管理规定，百分百遵守法律法规，百分百的时间内遵守前两个百分百。

安全工作"五落实"

整改内容、标准、措施、进度和责任人落实。

"八防"

防火、防爆、防井喷、防油气泄漏、防交通事故、防滑、防坍塌、防冻凝。

HSE 九项原则

（一）任何决策必须优先考虑健康安全环境。

（二）安全是聘用的必要条件。

（三）企业必须对员工进行健康安全环境培训。

（四）各级管理者对业务范围内的健康安全环境工作负责。

（五）各级管理者必须亲自参加健康安全环境审核。

（六）员工必须参与岗位危害识别及风险控制。

（七）事故隐患必须及时整改。

（八）所有事故事件必须及时报告、分析和处理。

（九）承包商管理执行统一的健康安全环境标准。

"十查"

一查 HSE 管理体系建设和运行情况；二查有感领导、直线责任、属地管理落实情况；三查 HSE 管理原则和反违章禁令贯彻落实执行情况；四查企业生产经营风险管理和风险辨识、控制情况；五查冬季安全生产方案制定和"八防"措施落实情况；六查承包商"五关"措施落实及违法分包、转包情况；七查重大危险源监控措施落实及事故隐患治理情况；八查海外防恐安全措施落实情况；九查应急管理及油库等储运设施水污染防控体系建设与管理情况；十查事故资源利用、事故教训吸取、事故责任人查处和防范措施落实情况。

个人安全行动计划

指各级领导干部在履行本单位、本系统、本部门业务范围内 HSE 管理工作职责的同时，制订个人阶段性（月度、季度、年度）的安全行动计划。个人安全行动计划要明确工作内容（如个人安全述职、到联系点开展活动、组织开展 HSE 检查、组织 HSE 知识学习等）和实施时间，并将计划内容在规定的时间内付诸实际行动。

安全观察

指各级管理者对一名正在工作的人员观察 30 秒以上，以确认有关任务是否在安全地执行。安全观察包括对员工作业行为和作业环境的观察（如是否满足个人防护装备要求、许可证是否完备等）。安全观察与沟通采取观察、表扬、讨论、沟通、启发、感谢六步法，以请教非教导的方式与员工讨论安全与不安全行为，避免双方观点冲突，使员工接受安全的做法，说服并尽可能与员工在安全上取得共识，而不是使员工迫于纪律上的约束或领导的压力做出承诺，避免员工被动执行，引导和启发员工思考更多的安全问题，提高员工的安全意识和技能。

安全工作六要求

干部责任要落实，重大隐患要根除，关键环节要受控，要害岗位要专责，企业管理要规范，安全素质要提高。

建筑业的五类常发事故

高处坠落、触电、物体打击、机械伤害、坍塌。

施工现场要做到"一管、二定、三检查"

一管：由专职安全员管安全。

二定：制定安全生产制度、制定安全技术措施。

三检查：定期检查安全措施执行情况、检查是否违章作业、检查季节性施工安全生产设施。

建筑安全管理中的"三宝""四口""五临边"

三宝：安全帽、安全带、安全网。

四口：建筑工地上的楼梯口、电梯口、通道口、预留洞口，必须采取安全防护措施。

五临边：在建工程的阳台周边、屋檐周边、框架楼层周边、跑道两侧边、下料台或挑平台周边，都必须按规定进行安全防护。

"三宝""四口""五临边"的安全措施，主要是预防人员坠落和物体打击。

"五不施工"

任务交代不清，图纸不清楚不施工；质量标准和技术措施规定不清楚不施工；材料不合格，基本条件不具备不施工；施工机具不全、不完好不施工；上道工序不交接、质量不合格，下道工序不施工。

安全防护"十项措施"

（一）按规定使用安全"三宝"。

（二）机械设备防护装置一定要齐全有效。

（三）塔吊等起重设备必须有限位保险装置，不准"带病"运转，不准超负荷作业，不准在运转中维修保养。

（四）架设电线线路必须符合当地电力公司规定，电气设备必须全部接零接地。

（五）电动机械和电动手持工具要安装漏电掉闸装置。

（六）脚手架材料及脚手架的搭设必须符合规程要求。

（七）各种缆风绳及其设置必须符合规程要求。

（八）在建工程的楼梯口、电梯井口、预留洞口、通道口必须有防护措施。

（九）严禁赤脚或穿高跟鞋、拖鞋进入施工现场，高处作业不准穿硬底或带钉易滑的鞋靴。

（十）施工现场的悬崖、陡坡等危险区域应有警示标志，夜间要设红灯示警。

高处作业"十不登"

(一)患有心脏病、高血压、高度近视眼等禁忌证的不登高。

(二)迷雾、大雪、雷雨或六级以上大风等恶劣天气不登高。

(三)安全帽、安全带、软底鞋等个人劳防用品不合格的不登高。

(四)夜间没有足够照明的不登高。

(五)饮酒、精神不振或身体状态不佳的不登高。

(六)脚手架、脚手板、梯子没有防滑措施或不牢固的不登高。

(七)携带笨重工件、工具或有小型工具没佩工具包的不登高。

(八)石棉瓦上作业无跳板不登高或高楼顶部没有固定防滑措施的不登高。

(九)设备和构筑件之间没有安全跳板、高压电附近没采取隔离措施不登高。

(十)梯子没有防滑措施和度数不够不登高。

施工现场"十不准"

(一)不准从正在起吊、运吊中的物件下通过。

(二)不准从高处往下跳或奔跑作业。

(三)不准在没有防护的外墙和外壁板等建筑物上行走。

(四)不准站在手推车等不稳定的物体上操作。

(五)不得攀登起重臂、绳索、脚手架、井字架、龙门架和随同运料的吊盘及吊装物上下。

(六)不准进入悬挂有"禁止出入"或设有危险警示标志的区域和场所。

(七)不准在重要的运输通道或上下行走通道上逗留。

(八)未经允许不准私自进入非本单位作业区域或管理区域,尤其是存有易燃易爆物品的场所。

(九)严禁在无照明设施、无足够采光条件的区域或场所内行走、逗留。

(十)不准无关人员进入施工现场。

焊接作业"十不焊"

（一）无上岗证不焊割。

（二）雨天露天作业无可靠安全措施不焊割。

（三）装过易燃及有害物品容器，未彻底清洗不焊割。

（四）密闭器具未采取措施不焊割。

（五）设备未断电、容器未卸压不焊割。

（六）作业区周围有易燃易爆物品，未消除干净不焊割。

（七）焊体性质不清、火星飞向不明不焊割。

（八）焊接设备安全附件不全或失效不焊割。

（九）锅炉、容器等设备内无专人监护，无防护措施不焊割。

（十）禁火区未采取措施和办理动火手续不焊割。

第三节　应急管理（救援）篇

突发事件

指突然发生，造成或者可能造成严重社会危害，需要采取应急措施予以应对的自然灾害、事故灾难、公共卫生事件和社会安全事件。突发事件具有突发性、不确定性、破坏性、衍生性、扩散性等特点。

我国突发事件如何分级

在我国，按照社会危害程度、影响范围、突发事件性质和可控性等因素将自然灾害、事故灾难、公共卫生事件分为四级，即一般事件、较大事件、重大事件、特大事件。

（一）一般事件。预计将要发生一般以上的突发事件，事件即将临近，事态可能会扩大。

（二）较大事件。预计将要发生较大以上的突发事件，事件即将临近，事态有扩大的趋势。

（三）重大事件。预计将要发生重大以上的突发事件，事件即将临近，事态正在逐步扩大。

（四）特大事件。预计将要发生特别重大的突发事件，事件会随时发生，事态在不断蔓延。

什么是应急管理？应急管理涵盖哪些活动？

应急管理是指政府、企业以及其他公共组织，为了保护公众生命财产安全，维护公共安全、环境安全和社会秩序，在突发事件事前、事发、事中、事后所进行的预防、响应、处置、恢复等活动的总称。它有两个方面的含义：一是应急管理贯穿于突发事件的事前、事发、事中、事后的全过程，二是应急管理是事前、事后的管理和事发、事中的应急的有机统一。

应急管理的基本任务

（一）预防准备。要通过应急管理预防行动和准备行动，建立突发事件源头防控机制，建立健全应急管理体制、制度，有效控制突发事件的发生，做好突发事件应对工作准备。

（二）预测预警。采取传统与科技手段相结合的办法进行预测，将突发事件消除在萌芽状态。一旦发现不可消除的突发事件，及时向社会预警。

（三）响应控制。突发事件发生后，能够及时启动应急预案，实施有效的应急救援行动，防止事件的进一步扩大和发展，是应急管理的重中之重。

（四）资源协调。应急管理机构应该在合理布局应急资源的前提下，建立科学的资源共享与调配机制，以有效利用可用资源，防止在应急中出现资源短缺的情况。

（五）抢险救援。确保在应急救援行动中，及时、有序、科学地实施现场抢救和安全转送人员，以降低伤亡率、减少突发事件损失。

（六）信息管理。突发事件信息的管理是避免引起公众恐慌的重要手段。应急管理机构应当以现代信息技术为支撑，如综合信息应急平台，保持信息的畅通，以协调各部门、各单位的工作。

（七）善后恢复。应急处置后，应急管理的重点应该放在安抚受害人员及其家属、稳定局面、清理受灾现场、尽快使系统功能恢复或者部分恢复上，并及时调查突发事件的发生原因和性质，评估危害范围和危险程度。

应急预案

应急预案又称应急救援预案或应急计划，是政府为了提高保障公共安全和处置突发事件的能力，最大限度地预防和减少突发事件及其造成的损害，保障公众的生命财产安全，维护国家安全和社会稳定，促进经济社会全面、协调、可持续发展，依据宪法及有关法律、法规，制订突发事件应对的原则性方案。它提供突发事件应对的标准化反应程序，是突发事件处置的基本规则和应急响应的操作指南。一个完整的应急预案一般应覆盖应急准备、应急响应、应急处置和应急恢复全过程。

总体应急预案

指国家或者某个地区、部门、单位为应对所有可能发生的突发公共事件而制定的综合性应急预案。

专项应急预案

指国务院或者地方政府的有关部门、单位根据其职责分工为应对某类具有重大影响的突发公共事件而制定的应急预案。专项预案通常作为总体预案的组成部分，有时也称为分预案。

应急行动指南或检查表

针对已辨识的危险制定应采取的特定的应急行动。应急行动指南简要描述应急行动必须遵从的基本程序，如发生情况向谁报告，报告什么信息，采取哪些应急措施。这种应急预案主要起提示作用，对相关人员要进行培训，有时将这种预案作为其他类型应急预案的补充。

应急响应预案

针对现场每项设施和场所可能发生的事故情况编制的应急响应预案。应急响应预案要包括所有可能的危险状况，明确有关人员在紧急状况下的职责。这类预案仅说明处理紧急事务的必需的行动，不包括事前要求（如培训、演练等）和事后措施。

互助应急预案

相邻企业为在事故应急处理中共享资源，相互帮助制定的应急预案。这类预案适合于资源有限的中、小企业以及高风险的大企业，需要高效的协调管理。

应急管理预案

应急管理预案是综合性的事故应急预案，这类预案详细描述事故前、事故过程中和事故后何人做何事、什么时候做，如何做。这类预案要明确制定每一项职责的具体实施程序。应急管理预案包括事故应急的四个逻辑步骤，即预防、预备、响应、恢复。

应急演练

应急演练是在事先虚拟的事件（事故）条件下，应急指挥体系中各个组成部门、单位或群体的人员针对假设的特定情况，执行实际突发事件发生时各自职责和任务的排练活动，简单地讲就是一种模拟突发事件发生的应对演习。实践证明，应急演练能在突发事件发生时有效减少人员伤亡和财产损失，迅速从各种灾难中恢复正常状态。这里需要指出的是，应急演练不完全等于应急预案演练，由于应急演练一般都需要事前作出计划和方案，因此应急演练在某种意义上也可以说是应急预案演练，但这个"预案"还包括了临时性的策划、计划和行动方案。

应急预案主要内容

（一）总则：说明编制预案的目的、工作原则、编制依据、适用范围等。

（二）组织指挥体系及职责：明确各组织机构的职责、权利和义务，以突发事故应急响应全过程为主线，明确事故发生、报警、响应、结束、善后处理处置等环节的主管部门与协作部门；以应急准备及保障机构为支线，明确各参与部门的职责。

（三）预警和预防机制：包括信息监测与报告、预警预防行动、预警支持系统、预警级别及发布（建议分为四级预警）。

（四）应急响应：包括分级响应程序（原则上按一般、较大、重大、特别重大四级启动相应预案），信息共享和处理，通讯，指挥和协调，紧急处置，应急人员的安全防护，群众的安全防护，社会力量动员与参与，事故调查分析、检测与后果评估，新闻报道，应急结束等要素。

（五）后期处置：包括善后处置、社会救助、保险、事故调查报告和经验教训总结及改进建议。

（六）保障措施：包括通信与信息保障，应急支援与装备保障，技术储备与保障，宣传、培训和演习，监督检查等。

（七）附则：包括有关术语、定义，预案管理与更新，国际沟通与协作，奖励与责任，制定与解释部门，预案实施或生效时间等。

（八）附录：包括相关的应急预案、预案总体目录、分预案目录、各种规范化格式文本，相关机构和人员通讯录等。

应急处置

指对即将发生或正在发生或已经发生的突发公共事件所采取的一系列的应急响应措施。

专项指挥部

指依据法律、法规规定和应急处置工作需要，经市政府同意设立的，对有关专项突发公共事件实行统一指挥协调的各专项应急指挥部、领导小组、委员会等机构。

应急工作机构

指突发公共事件应急委员会办公室和各专项应急指挥机构的日常办事机构。

监测

指通过各种方式、方法观测收集有关突发公共事件的信息并进行分析处理、评估预测的过程。

突发公共事件重大信息

指对本地区可能造成重大影响的有关突发公共事件的信息，包括单独或其他因素一起可能引起突发公共事件发生的各种类突发公共事件隐患；本地区可能、正在或者已经发生的突发公共事件的性质、严重程度、影响范围等和波及范围可能扩大的有关情况；其他地区可能、正在或者已经发生的，并可能会对本地区的生命财产、生态环境、社会秩序等造成重大影响的突发公共事件的有关情况；其他地区可能、正在或者已经发生的，由于本地区具备与其他地区相似的环境、因素等情况，本地区也可能发生的突发公共事件的有关情况等。

预警

指根据监测到的突发公共事件信息，依据有关法律法规、应急预案中的相关规定，提前发布相应级别的警报，并提出相关应急措施建议。

应急状态

指为应对已经发生或者可能发生的突发公共事件，在某个地区或者全市范围内，政府组织社会各方力量在一段时间内依据非常态下的有关法律法规和应急预案采取的有关措施和所呈现的状态。

先期处置

指突发公共事件即将发生、正在发生或发生后，事发地人民政府和专项指挥部在第一时间内所采取的应急响应措施。

应急保障

指为保障应急处置的顺利进行而采取的各种保证措施。一般按功能分为：人力、财力、物资、交通运输、医疗卫生、治安维护、人员防护、通讯与信息、公共设施、社会沟通、技术支撑以及其他保障。

应急联动

指在突发公共事件应急处置过程中，市、县市区人民政府及其部门联合行动，必要时，与军队、武警部队联动，互相支持，社会各方面密切配合、各司其职、协同作战，全力以赴做好各项应急处置工作的应急工作机制。

扩大应急

指突发公共事件危害、影响程度、范围有扩大趋势时，为有效控制突发公共事件发展态势，应急委员会等机构或者单位通过采取进一步有力措施、请求支援等方式，以尽快使受影响地域、领域恢复到正常状态的各种应急处置程序、措施的总称。

次生、衍生事件

指某一突发公共事件所派生或者因处置不当而引发的其他事件。

耦合事件

指在同一地区、同一时段内发生的两个以上相互关联的突发公共事件。

后期处置

指突发公共事件得到基本控制后，为使生产、工作、生活、社会秩序和生态环境恢复正常所采取的一系列善后处理行动。

紧急状态

指应对特别重大突发公共事件过程中，采取常规措施无法有效控制和消除其严重危害时，有关国家机关按照法定权限和程序宣布在特定地域甚至全国采取临时性非常规措施、先例紧急立法权的一种严重危机状态。

应急状态

指为应对已经发生或者可能发生的突发公共事件，在某个地区或者全国范围内，政府组织社会各方力量在一段时间内依据非常态下的有关法律法规和应急预案采取紧急措施所呈现的状态。

次生、衍生事件

指某一突发公共事件所派生或者因处置不当而引发的其他事件。

第四节　事故调查处置篇

事故分级

等级	事故等级	死亡人数	重伤人数	直接经济损失
1	特别重大	30以上	100以上	1亿元以上
2	重大	10～29	50～99	5000万元以上～1亿元以下
3	较大	3～9	10～49	1000万元以上～5000万元以下
4	一般	1～2	1～9	1000万元以下

注：重伤包括急性工业中毒，"以上"包括本数，所称的"以下"不包括本数。

报告事故的要求

应当及时、准确、完整，不得迟报、漏报、谎报、瞒报。

报告事故应包括的内容

（一）事故发生单位概况。

（二）事故发生的时间、地点以及事故现场情况。

（三）事故的简要经过。

（四）事故已经造成或者可能造成的伤亡人数（包括下落不明的人数）和初步估计的直接经济损失。

（五）已经采取的措施。

（六）其他应当报告的情况。

伤亡人数补报要求

生产安全事故 30 日内（交通、火灾事故 7 日内）事故造成的伤亡人数发生变化的，应当及时补报。

事故发生单位负责人接报后应当

（一）立即启动事故相应应急预案，或者采取有效措施，组织抢救。

（二）防止事故扩大。

（三）减少人员伤亡和财产损失。

有关部门负责人接报后应当

立即赶赴现场，组织事故救援。

事故发生后有关单位和人员应当

（一）妥善保护事故现场以及相关证据，任何单位和个人不得破坏事故现场、毁灭相关证据。

（二）因抢救人员、防止事故扩大以及疏通交通等原因，需要移动事故现场物件的，应当做出标志，绘制现场简图并做出书面记录，妥善保存现场重要痕迹、物证。

事故调查原则

科学严谨、依法依规、实事求是、注重实效。

事故调查要求

（一）及时、准确查清事故经过、原因、损失。

（二）查明事故性质，认定事故责任。

（三）总结教训，提出整改措施。

（四）对事故责任者依法追究责任。

各事故等级对应调查单位级别

事故等级	调查单位级别
特别重大事故	国务院
重大事故	省级人民政府
较大事故	设区的市级人民政府
一般事故	县级人民政府

各级可直接组织事故调查，或授权、委托有关部门组织事故调查组进行调查。

未造成人员伤亡的一般事故，县级人民政府也可以委托事故发生单位组织事故调查组进行调查。

特别重大事故以下等级事故，事故发生地与事故发生单位不在同一个县级以上行政区域的，由事故发生地人民政府负责调查，事故发生单位所在地人民政府应当派人参加。

事故调查组组成原则

遵循精简、效能。

事故调查组组成包括

（一）有关人民政府

（二）安全生产监督管理部门

（三）负有安全生产监督管理职责的有关部门

（四）监察机关

（五）公安机关

（六）工会

事故调查组应当邀请人民检察院派人参加，并可以聘请有关专家参与调查。

事故调查组组长由负责事故调查的人民政府指定。事故调查组组长主持事故调查组的工作。

事故调查组成员要求

具有事故调查所需要的知识和专长，与所调查的事故没有直接利害关系。

事故调查组职责

(一)查明事故发生的经过、原因、人员伤亡情况及直接经济损失。

(二)认定事故的性质和事故责任。

(三)提出对事故责任者的处理建议。

(四)总结事故教训，提出防范和整改措施。

(五)提交事故调查报告。

事故调查报告提交时限

事故发生之日起 60 日内，特殊情况经负责事故调查的人民政府批准，延期最长不超过 60 日。技术鉴定所需时间不计入事故调查期限。

事故调查报告内容包括

(一)事故发生单位概况。

(二)事故发生经过和事故救援情况。

(三)事故造成的人员伤亡和直接经济损失。

(四)事故发生的原因和事故性质。

(五)事故责任的认定以及对事故责任者的处理建议。

(六)事故防范和整改措施。

事故调查报告应当附有关证据材料。事故调查组成员应当在事故调查报告上签名。

人民政府批复时限

自收到事故调查报告之日起

重大事故、较大事故、一般事故 15 日内做出批复。

特别重大事故 30 日内做出批复。

特殊情况下，批复时间可以适当延长，但延期最长不超过 30 日。

事故处理

相应机关按照人民政府批复，依照法律、行政法规规定的权限和程序，对事故发生单位和有关人员进行行政处罚，对负有事故责任的国家工作人员进行处分，对涉嫌犯罪的依法追究刑事责任。事故发生单位应当按照负责事故调查的人民政府的批复，对本单位负有事故责任的人员进行处理。

罚款

（一）主要负责人处上一年年收入 40％～80％的罚款

1. 不立即组织事故抢救的。

2. 迟报或者漏报事故。

3. 在事故调查处理期间擅离职守的。

（二）单位处 100 万元以上 500 万元以下罚款，主要责任人、直接负责的主管人员和其他直接责任人员处上一年年收入 60％～100％的罚款

1. 谎报或者瞒报事故。

2. 伪造或者故意破坏事故现场的。

3. 转移、隐匿资金、财产，或者销毁有关证据、资料的。

4. 拒绝接受调查或者拒绝提供有关情况和资料的。

5. 在事故调查中作伪证或者指使他人作伪证的。

6. 事故发生后逃匿的。

（三）事故发生单位对事故发生负有责任的

1. 发生一般事故的，处 10 万元以上 20 万元以下的罚款。

2. 发生较大事故的，处 20 万元以上 50 万元以下的罚款。

3. 发生重大事故的，处 50 万元以上 200 万元以下的罚款。

4. 发生特别重大事故的，处 200 万元以上 500 万元以下的罚款。

（四）事故发生单位主要负责人未依法履行安全生产管理职责，导致事故发生

1. 发生一般事故的，处上一年年收入 30％的罚款。

2. 发生较大事故的，处上一年年收入 40% 的罚款。

3. 发生重大事故的，处上一年年收入 60% 的罚款。

4. 发生特别重大事故的，处上一年年收入 80% 的罚款。

行政处分

（一）有关地方人民政府、安全生产监督管理部门和负有安全生产监督管理职责的有关部门直接负责的主管人员和其他直接责任人发生下列行为之一的依法给予处分；构成犯罪的，依法追究刑事责任：

1. 不立即组织事故抢救的。

2. 迟报、漏报、谎报或者瞒报事故的。

3. 阻碍、干涉事故调查工作的。

4. 在事故调查中作伪证或者指使他人作伪证的。

（二）参与事故调查的人员在事故调查中有下列行为之一的，依法给予处分；构成犯罪的，依法追究刑事责任：

1. 对事故调查工作不负责任，致使事故调查工作有重大疏漏的。

2. 包庇、袒护负有事故责任的人员或者借机打击报复的。

暂扣或吊销相关执照

（一）事故发生单位对事故发生负有责任的

有关部门依法暂扣或者吊销其有关证照；对事故发生单位负有事故责任的有关人员，依法暂停或者撤销其与安全生产有关的执业资格、岗位证书；事故发生单位主要负责人受到刑事处罚或者撤职处分的，自刑罚执行完毕或者受处分之日起，五年内不得担任任何生产经营单位的主要负责人。

（二）发生事故的单位提供虚假证明的中介机构

有关部门依法暂扣或者吊销其有关证照及其相关人员的执业资格；构成犯罪的，依法追究刑事责任。条例规定的罚款的行政处罚，由安全生产监督管理部门决定。

附录4 《中华人民共和国宪法》等法律中与安全生产相关的条款

一、《中华人民共和国宪法》

第四十二条 中华人民共和国公民有劳动的权利和义务。国家通过各种途径，创造劳动就业条件，加强劳动保护，改善劳动条件，并在发展生产的基础上，提高劳动报酬和福利待遇。劳动是一切有劳动能力的公民的光荣职责。国有企业和城乡集体经济组织的劳动者都应当以国家主人翁的态度对待自己的劳动。国家提倡社会主义劳动竞赛，奖励劳动模范和先进工作者。国家提倡公民从事义务劳动。国家对就业前的公民进行必要的劳动就业训练。

第四十三条 中华人民共和国劳动者有休息的权利。国家发展劳动者休息和休养的设施，规定职工的工作时间和休假制度。

第四十八条 中华人民共和国妇女在政治的、经济的、文化的、社会的和家庭的生活等各方面享有同男子平等的权利。国家保护妇女的权利和利益，实行男女同工同酬，培养和选拔妇女干部。

二、《中华人民共和国刑法》

第一百三十三条 交通肇事罪

违反交通运输管理法规，因而发生重大事故，致人重伤、死亡或者使公私财产遭受重大损失的，处三年以下有期徒刑或者拘役；交通运输肇事后逃逸或者有其他特别恶劣情节的，处三年以上七年以下有期徒刑；因逃逸致人死亡的，处七年以上有期徒刑。

第一百三十三条之一　危险驾驶罪

在道路上驾驶机动车，有下列情形之一的，处拘役，并处罚金：(一)追逐竞驶，情节恶劣的；(二)醉酒驾驶机动车的；(三)从事校车业务或者旅客运输，严重超过额定乘员载客，或者严重超过规定时速行驶的；(四)违反危险化学品安全管理规定运输危险化学品，危及公共安全的。机动车所有人、管理人对前款第三项、第四项行为负有直接责任的，依照前款的规定处罚。有前两款行为，同时构成其他犯罪的，依照处罚较重的规定定罪处罚。

第一百三十四条　重大责任事故罪

在生产、作业中违反有关安全管理的规定，因而发生重大伤亡事故或者造成其他严重后果的，处三年以下有期徒刑或者拘役；情节特别恶劣的，处三年以上七年以下有期徒刑。强令他人违章冒险作业，因而发生重大伤亡事故或者造成其他严重后果的，处五年以下有期徒刑或者拘役；情节特别恶劣的，处五年以上有期徒刑。

第一百三十五条　重大劳动安全事故罪

安全生产设施或者安全生产条件不符合国家规定，因而发生重大伤亡事故或者造成其他严重后果的，对直接负责的主管人员和其他直接责任人员，处三年以下有期徒刑或者拘役；情节特别恶劣的，处三年以上七年以下有期徒刑。

第一百三十五条之一　大型群众性活动重大安全事故罪

举办大型群众性活动违反安全管理规定，因而发生重大伤亡事故或者造成其他严重后果的，对直接负责的主管人员和其他直接责任人员，处三年以下有期徒刑或者拘役；情节特别恶劣的，处三年以上七年以下有期徒刑。

第一百三十六条　危险物品肇事罪

违反爆炸性、易燃性、放射性、毒害性、腐蚀性物品的管理规定，在生产、储存、运输、使用中发生重大事故，造成严重后果的，处三年以下有期徒刑或者拘役；后果特别严重的，处三年以上七年以下有期徒刑。

第一百三十七条 工程重大安全事故罪

建设单位、设计单位、施工单位、工程监理单位违反国家规定，降低工程质量标准，造成重大安全事故的，对直接责任人员，处五年以下有期徒刑或者拘役，并处罚金；后果特别严重的，处五年以上十年以下有期徒刑，并处罚金。

第一百三十八条 教育设施重大安全事故罪

明知校舍或者教育教学设施有危险，而不采取措施或者不及时报告，致使发生重大伤亡事故的，对直接责任人员，处三年以下有期徒刑或者拘役；后果特别严重的，处三年以上七年以下有期徒刑。

第一百三十九条 消防责任事故罪

违反消防管理法规，经消防监督机构通知采取改正措施而拒绝执行，造成严重后果的，对直接责任人员，处三年以下有期徒刑或者拘役；后果特别严重的，处三年以上七年以下有期徒刑。

第一百三十九条之一 不报、谎报安全事故罪

在安全事故发生后，负有报告职责的人员不报或者谎报事故情况，贻误事故抢救，情节严重的，处三年以下有期徒刑或者拘役；情节特别严重的，处三年以上七年以下有期徒刑。

三、《中华人民共和国民法通则》

第九十八条 公民享有生命健康权。

第一百零五条 妇女享有同男子平等的民事权利。

第一百二十三条 从事高空、高压、易燃、易爆、剧毒、放射性、高速运输工具等对周围环境有高度危险的作业造成他人损害的，应当承担民事责任；如果能够证明损害是由受害人故意造成的，不承担民事责任。

第一百二十四条　违反国家保护环境防止污染的规定，污染环境造成他人损害的，应当依法承担民事责任。

第一百二十五条　在公共场所、道旁或者通道上挖坑、修缮安装地下设施等，没有设置明显标志和采取安全措施造成他人损害的，施工人应当承担民事责任。

第一百二十六条　建筑物或者其他设施以及建筑物上的搁置物、悬挂物发生倒塌、脱落、坠落造成他人损害的，它的所有人或者管理人应当承担民事责任，但能够证明自己没有过错的除外。

第一百二十八条　因正当防卫造成损害的，不承担民事责任。正当防卫超过必要的限度，造成不应有的损害的，应当承担适当的民事责任。

第一百二十九条　因紧急避险造成损害的，由引起险情发生的人承担民事责任。如果危险是由自然原因引起的，紧急避险人不承担民事责任或者承担适当的民事责任。因紧急避险采取措施不当或者超过必要的限度，造成不应有的损害的，紧急避险人应当承担适当的民事责任。

四、《中华人民共和国劳动法》

第三条　劳动者享有平等就业和选择职业的权利、取得劳动报酬的权利、休息休假的权利、获得劳动安全卫生保护的权利、接受职业技能培训的权利、享受社会保险和福利的权利、提请劳动争议处理的权利以及法律规定的其他劳动权利。劳动者应当完成劳动任务，提高职业技能，执行劳动安全卫生规程，遵守劳动纪律和职业道德。

第二十六条　有下列情形之一的，用人单位可以解除劳动合同，但是应当提前三十日以书面形式通知劳动者本人：（一）劳动者患病或者非因工负伤，医疗期满后，不能从事原工作也不能从事由用人单位另行安排的工作的；（二）劳动者不能胜任工作，经过培训或者调整工作岗位，仍不能胜任工作的；（三）劳动合同订立时所依据的客观情况发生重大变化，致使原劳动合同无法履行，经当事人协商不能就变更劳动合同达成协议的。

第二十九条 劳动者有下列情形之一的，用人单位不得依据本法第二十六条、第二十七条的规定解除劳动合同：(一)患职业病或者因工负伤并被确认丧失或者部分丧失劳动能力的；(二)患病或者负伤，在规定的医疗期内的；(三)女职工在孕期、产期、哺乳期内的；(四)法律、行政法规规定的其他情形。

第四十一条 用人单位由于生产经营需要，经与工会和劳动者协商后可以延长工作时间，一般每日不得超过一小时；因特殊原因需要延长工作时间的，在保障劳动者身体健康的条件下延长工作时间每日不得超过三小时，但是每月不得超过三十六小时。

第四十二条 有下列情形之一的，延长工作时间不受本法第四十一条规定的限制：(一)发生自然灾害、事故或者因其他原因，威胁劳动者生命健康和财产安全，需要紧急处理的；(二)生产设备、交通运输线路、公共设施发生故障，影响生产和公众利益，必须及时抢修的；(三)法律、行政法规规定的其他情形。

第五十二条 用人单位必须建立、健全劳动安全卫生制度，严格执行国家劳动安全卫生规程和标准，对劳动者进行劳动安全卫生教育，防止劳动过程中的事故，减少职业危害。

第五十三条 劳动安全卫生设施必须符合国家规定的标准。新建、改建、扩建工程的劳动安全卫生设施必须与主体工程同时设计、同时施工、同时投入生产和使用。

第五十四条 用人单位必须为劳动者提供符合国家规定的劳动安全卫生条件和必要的劳动防护用品，对从事有职业危害作业的劳动者应当定期进行健康检查。

第五十五条 从事特种作业的劳动者必须经过专门培训并取得特种作业资格。

第五十六条 劳动者在劳动过程中必须严格遵守安全操作规程。劳动者对用人单位管理人员违章指挥、强令冒险作业，有权拒绝执行；对危害生命安全和身体健康的行为，有权提出批评、检举和控告。

第五十七条　国家建立伤亡事故和职业病统计报告和处理制度。县级以上各级人民政府劳动行政部门、有关部门和用人单位应当依法对劳动者在劳动过程中发生的伤亡事故和劳动者的职业病状况，进行统计、报告和处理。

第五十八条　国家对女职工和未成年工实行特殊劳动保护。未成年工是指年满十六周岁未满十八周岁的劳动者。

第五十九条　禁止安排女职工从事矿山井下、国家规定的第四级体力劳动强度的劳动和其他禁忌从事的劳动。

第六十条　不得安排女职工在经期从事高处、低温、冷水作业和国家规定的第三级体力劳动强度的劳动。

第六十一条　不得安排女职工在怀孕期间从事国家规定的第三级体力劳动强度的劳动和孕期禁忌从事的活动。对怀孕七个月以上的女职工，不得安排其延长工作时间和夜班劳动。

第六十二条　女职工生育享受不少于九十天的产假。

第六十三条　不得安排女职工在哺乳未满一周岁的婴儿期间从事国家规定的第三级体力劳动强度的劳动和哺乳期禁忌从事的其他劳动，不得安排其延长工作时间和夜班劳动。

第六十四条　不得安排未成年工从事矿山井下、有毒有害、国家规定的第四级体力劳动强度的劳动和其他禁忌从事的劳动。

第六十五条　用人单位应当对未成年工定期进行健康检查。

第七十二条　社会保险基金按照保险类型确定资金来源，逐步实行社会统筹。用人单位和劳动者必须依法参加社会保险，缴纳社会保险费。

第七十三条　劳动者在下列情形下，依法享受社会保险待遇：(一)退休；(二)患病、负伤；(三)因工伤残或者患职业病；(四)失业；(五)生育。劳动者死亡后，其遗属依法享受遗属津贴。劳动者享受社会保险待遇的条件和标准由法律、法规规定。劳动者享受的社会保险金必须按时足额支付。

第七十五条 国家鼓励用人单位根据本单位实际情况为劳动者建立补充保险。国家提倡劳动者个人进行储蓄性保险。

第九十二条 用人单位的劳动安全设施和劳动卫生条件不符合国家规定或者未向劳动者提供必要的劳动防护用品和劳动保护设施的，由劳动行政部门或者有关部门责令改正，可以处以罚款；情节严重的，提请县级以上人民政府决定责令停产整顿；对事故隐患不采取措施，致使发生重大事故，造成劳动者生命和财产损失的，对责任人员依照刑法有关规定追究刑事责任。

第九十三条 用人单位强令劳动者违章冒险作业，发生重大伤亡事故，造成严重后果的，对责任人员依法追究刑事责任。

第九十四条 用人单位非法招用未满十六周岁的未成年人的，由劳动行政部门责令改正，处以罚款；情节严重的，由工商行政管理部门吊销营业执照。

第九十五条 用人单位违反本法对女职工和未成年工的保护规定，侵害其合法权益的，由劳动行政部门责令改正，处以罚款；对女职工或者未成年工造成损害的，应当承担赔偿责任。

第一百条 用人单位无故不缴纳社会保险费的，由劳动行政部门责令其限期缴纳；逾期不缴的，可以加收滞纳金。

五、《中华人民共和国劳动合同法》

第八条 用人单位的告知义务和劳动者的说明义务

用人单位招用劳动者时，应当如实告知劳动者工作内容、工作条件、工作地点、职业危害、安全生产状况、劳动报酬，以及劳动者要求了解的其他情况；用人单位有权了解劳动者与劳动合同直接相关的基本情况，劳动者应当如实说明。

第十七条 劳动合同的内容

劳动合同应当具备以下条款：

（一）用人单位的名称、住所和法定代表人或者主要负责人；

（二）劳动者的姓名、住址和居民身份证或者其他有效身份证件号码；

（三）劳动合同期限；

（四）工作内容和工作地点；

（五）工作时间和休息休假；

（六）劳动报酬；

（七）社会保险；

（八）劳动保护、劳动条件和职业危害防护；

（九）法律、法规规定应当纳入劳动合同的其他事项。

劳动合同除前款规定的必备条款外，用人单位与劳动者可以约定试用期、培训、保守秘密、补充保险和福利待遇等其他事项。

第三十一条　加班

用人单位应当严格执行劳动定额标准，不得强迫或者变相强迫劳动者加班。用人单位安排加班的，应当按照国家有关规定向劳动者支付加班费。

第三十二条　劳动者拒绝违章指挥、强令冒险作业

劳动者拒绝用人单位管理人员违章指挥、强令冒险作业的，不视为违反劳动合同。

劳动者对危害生命安全和身体健康的劳动条件，有权对用人单位提出批评、检举和控告。

第三十八条　劳动者单方解除劳动合同

用人单位有下列情形之一的，劳动者可以解除劳动合同：

（一）未按照劳动合同约定提供劳动保护或者劳动条件的；

（二）未及时足额支付劳动报酬的；

（三）未依法为劳动者缴纳社会保险费的；

（四）用人单位的规章制度违反法律、法规的规定，损害劳动者权益的；

（五）因本法第二十六条第一款规定的情形致使劳动合同无效的；

（六）法律、行政法规规定劳动者可以解除劳动合同的其他情形。

用人单位以暴力、威胁或者非法限制人身自由的手段强迫劳动者劳动的，或者用人单位违章指挥、强令冒险作业危及劳动者人身安全的，劳动者可以立即解除劳动合同，不需事先告知用人单位。

第四十条　无过失性辞退

有下列情形之一的，用人单位提前三十日以书面形式通知劳动者本人或者额外支付劳动者一个月工资后，可以解除劳动合同：

（一）劳动者患病或者非因工负伤，在规定的医疗期满后不能从事原工作，也不能从事由用人单位另行安排的工作的；

（二）劳动者不能胜任工作，经过培训或者调整工作岗位，仍不能胜任工作的；

（三）劳动合同订立时所依据的客观情况发生重大变化，致使劳动合同无法履行，经用人单位与劳动者协商，未能就变更劳动合同内容达成协议的。

第四十二条　用人单位不得解除劳动合同情形

劳动者有下列情形之一的，用人单位不得依照本法第四十条、第四十一条的规定解除劳动合同：

（一）从事接触职业病危害作业的劳动者未进行离岗前职业健康检查，或者疑似职业病病人在诊断或者医学观察期间的；

（二）在本单位患职业病或者因工负伤并被确认丧失或者部分丧失劳动能力的；

（三）患病或者非因工负伤，在规定的医疗期内的；

（四）女职工在孕期、产期、哺乳期的；

（五）在本单位连续工作满十五年，且距法定退休年龄不足五年的；

（六）法律、行政法规规定的其他情形。

第四十五条　劳动合同的逾期终止

劳动合同期满，有本法第四十二条规定情形之一的，劳动合同应当续延至相应的情形消失时终止。但是，本法第四十二条第二项规定丧失或者部分丧失劳动能力劳动者的劳动合同的终止，按照国家有关工伤保险的规定执行。

第七十四条 劳动行政部门监督检查事项

县级以上地方人民政府劳动行政部门依法对下列实施劳动合同制度的情况进行监督检查：

（一）用人单位制定直接涉及劳动者切身利益的规章制度及其执行的情况；

（二）用人单位与劳动者订立和解除劳动合同的情况；

（三）劳务派遣单位和用工单位遵守劳务派遣有关规定的情况；

（四）用人单位遵守国家关于劳动者工作时间和休息休假规定的情况；

（五）用人单位支付劳动合同约定的劳动报酬和执行最低工资标准的情况；

（六）用人单位参加各项社会保险和缴纳社会保险费的情况；

（七）法律、法规规定的其他劳动监察事项。

第八十八条 侵害劳动者人身权益的法律责任

用人单位有下列情形之一的，依法给予行政处罚；构成犯罪的，依法追究刑事责任；给劳动者造成损害的，应当承担赔偿责任：

（一）以暴力、威胁或者非法限制人身自由的手段强迫劳动的；

（二）违章指挥或者强令冒险作业危及劳动者人身安全的；

（三）侮辱、体罚、殴打、非法搜查或者拘禁劳动者的；

（四）劳动条件恶劣、环境污染严重，给劳动者身心健康造成严重损害的。

附录5　2018年建设工程安全生产典型事故盘点回顾

根据全国房屋市政工程生产安全事故信息报送及统计分析系统统计数据，2018年1—11月，全国共发生房屋市政工程生产安全事故698起、死亡800人，比上年同期事故起数增加55起、死亡人数增加47人，分别上升8.55％和6.24％（见图1、图2）。其中，事故死亡人数较多的省（自治区、直辖市）有江苏省（88人）、广东省（78人）、四川省（59人）、安徽省（45人）、重庆市（45人）、黑龙江省（30人）、浙江省（30人）、河南省（28人）、山东省（27人）、福建省（26人）、江西省（25人）、贵州省（25人）、甘肃省（25人）、宁夏回族自治区（24人）、湖北省（23人）、上海市（22人）、湖南省（21人）。

2018年1—11月，全国共发生房屋市政工程生产安全较大及以上事故21起、死亡84人，比上年同期减少1起、死亡人数减少2人，分别下降4.55％和2.33％（见图3、图4）。

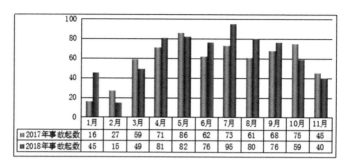

图 1　2018 年 1—11 月全国事故起数与 2017 年同期对比

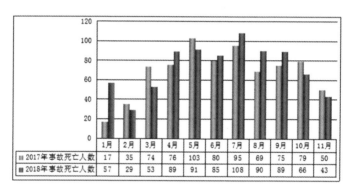

图 2　2018 年 1—11 月事故死亡人数与 2017 年同期对比

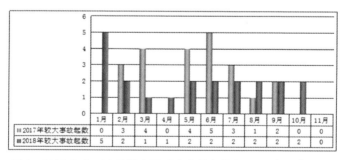

图 3　2018 年 1—11 月较大及以上事故起数与 2017 年同期对比

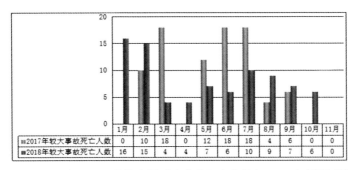

图4 2018 年 1—11 月较大及以上事故死亡人数与 2017 年同期对比

回顾 2018 年建设工程领域的安全生产事故，每一起都引人深思。当前国内建筑行业在安全管理方面基础仍然薄弱，违章违规施工现象屡禁不止，安全形势严峻。接连频发的安全生产事故要求我们必须吸取教训，做好生产施工过程中的安全预防措施，加强现场的安全管理工作。

下面，我们一起盘点 2018 年建设工程领域中"五大重点事故"，希望能从过去的一起起惨剧中学会反思，不再重蹈覆辙。

第一节 坍塌事故

一、事故回顾

(一)2018 年 11 月 12 日，广东省中山市

2018 年 11 月 12 日下午，中山市古镇海洲万科城小区的花园处突发大面积的坍塌；近 2000 平方米的大坑裸露在外；一辆载有不少施工材料的平板车被"吞"，侧翻在大坑内。

古镇住建、公安、安监、消防和医院等部门第一时间到现场进行应急处置和现场调查工作。经初步调查分析，坍塌原因是填土作业人员违反操作规程，且大型满载平板车停放不当，导致顶板过于集中荷载，造成局部坍塌。

（二）2018年6月24日，上海市

2018年6月24日16时40分，上海市奉贤区海湾镇海农公路－海兴路路口东南角的碧桂园项目售楼处，6层屋面混凝土浇筑过程中出现模架坍塌，坍塌面积约300平方米，现场部分作业人员被模板及钢管掩埋。

（三）2018年5月4日，广东省深圳市

2018年5月4日16时19分，龙岗区平湖街道华南城1号交易广场西3门西侧，一正在实施的屋面钢结构及雨棚钢结构防腐工程脚手架搭设过程发生倒塌事故，造成16人受伤，受伤人员均无生命危险。

据悉，事故工程的建设单位是华南国际工业原料城（深圳）有限公司，施工单位是河南省立夏防水防腐工程有限公司，该工程在属地社区工作站办理了零星工程和小散工程登记备案，未按规定办理施工许可手续。

（四）2018年2月7日，广东省佛山市

2018年2月7日20时40分，佛山市轨道交通2号线一期工程土建一标段湖涌站至绿岛湖站盾构区间右线工地突发透水，引发隧道及路面坍塌，造成11人死亡、1人失踪、8人受伤，直接经济损失约5323.8万元，人员伤亡及财产损失严重。

（五）2018年1月29日，广东省中山市

2018年1月29日16时，黄圃镇大雁圃灵路尾段的广中江高速在建工程现场，其中一处工程发生作业平台滑落事故，3名工人受伤。据施工负责人称，可能是由于雨天柱子湿滑，抱箍在抱（加固）柱子的时候出现滑动，带动了上面的支架向下滑脱。

（六）2018年1月25日，广东省广州市

2018年1月25日17时10分，广州市轨道交通21号线水西站至苏元站区间左线盾构机带压开仓动火作业时，焊机电缆线短路引发火灾，3名仓内作业人员失联，施救过程中土仓压力急速下降，掌子面失稳，突发坍塌，造成3人死亡，直接经济损失1008.98万元。

（七）2018 年 1 月 14 日，江苏省南京市

2018 年 1 月 14 日凌晨 5 时，南京市龙湖 G23 地块 E 区南侧基坑局部支护桩发生倒塌，无人员伤亡，施工现场附近的 360 号楼房居民已经全部撤离。

二、坍塌事故预防措施

（一）坑、沟、槽土方开挖，深度超过 1.5 米的，必须按规定放坡或支护。

（二）挖掘土方应从上而下施工，禁止采用挖空底脚的操作方法，并做好排水措施。

（三）挖出的泥土要按规定放置或外运，不得随意沿围墙或临时建筑堆放。

（四）基坑、井坑的边坡和支护系统应随时检查，发现边坡有裂痕、疏松等危险征兆，应立即疏散人员采取加固措施，消除隐患。

（五）各种模板支撑，必须按照模板支撑设计方案要求，立杆、横杆间距必须满足要求，不能减少和扩大，特别是采用木支撑施工法，防止模板砼施工时坍塌。

（六）施工中必须严格控制建筑材料、模板、施工机械、机具或其他物料在楼层或屋面的堆放数量和重量，以避免产生过大的集中荷载，造成楼板或屋面断裂坍塌。

（七）安装和拆除大模板，吊车司机与安装人员应经常检查索具，密切配合，做到稳起、稳落、稳就位，防止大模板大幅度摆动，碰撞其他物体，造成倒塌。

（八）拆除建筑物，应按自上而下顺序进行，禁止数层同时拆除，当拆除某一部分的时候，应该防止其他部分发生坍塌。

三、坍塌事故应急处置措施

（一）当施工现场人员发现土方或建筑物有裂纹或发出异常声音时，

应立即报告给项目管理人员，并立即停止作业，组织施工人员快速撤离到安全地点。

（二）当土方或建筑物发生坍塌，造成人员被埋、被压，应急救援领导小组应全员上岗，除应立即逐级报告给主管部门之外，还要保护好现场，在确认不会再次发生同类事故的前提下，立即组织人员抢救受伤人员。

（三）当少部分土方坍塌时，现场抢救组专业救护人员要用铁锹进行撮土挖掘，并注意不要伤及被埋人员；当建筑物整体倒塌造成特大事故时，由市应急救援领导小组统一领导和指挥，各有关部门协调作战，保证抢险救援工作有条不紊地进行。要采用吊车、挖掘机进行抢救，现场要有指挥并进行监护，防止机械伤及被埋或被压人员。

（四）被抢救出来的伤员，要由现场医疗室医生或急救组急救中心救护人员进行抢救，用担架把伤员抬到救护车上，对伤势严重的人员要立即进行吸氧和输液，到医院后组织医务人员全力救治伤员。

（五）当核实所有人员获救后，将受伤人员的位置进行拍照或录像，禁止无关人员进入事故现场，等待事故调查组进行调查处理。

（六）对在土方坍塌和建筑物坍塌死亡的人员，由企业及市善后处理组负责对死亡人员的家属进行安抚、伤残人员安置和财产理赔等善后处理工作。

第二节　高处坠落事故

近年来，高处坠落事故数量在建筑施工事故类型中连续多年占据榜首，据相关数据统计，建筑工地上 50% 的施工事故是由"高处坠落"所导致。高处坠落伤亡事故遍布全国各地，一直是事故"高发区"和"重灾区"。

下面，就让我们来回顾一下 2018 年建筑施工行业发生的几起高处坠落典型事故。

一、事故回顾

（一）山东省青岛市地铁工程发生高处坠落事故，1 人死亡

2018 年 11 月 26 日下午，山东省青岛市安全生产监督管理局官方微博发布通报，当天凌晨 3 时左右，位于红岛经济区的地铁 8 号线 B2 包 01－02 工区喷浆作业过程中出现局部脱落掉块，导致分包单位四川五广建筑工程有限公司一名喷浆手从工作平台掉落受伤，送医抢救无效后死亡。

（二）湖北省天门市一在建工地施工升降机从高处坠落，事故造成 3 人死亡

2018 年 10 月 4 日上午，天门市一建筑工地施工电梯突然从高空坠落，事故造成 3 人死亡。

（三）河南省开封市开封新区发生一起 1 人死亡的高处坠落事故

2018 年 7 月 5 日 17 时 30 分，位于开封市开封新区六大街与安顺路交叉口西北角的盛世宝隆项目 9 号建筑工地，1 名工人在离地约 3 米的挑板上接扎丝时失足坠落，经抢救无效死亡。

（四）龙凤湿地环境监测塔工程三标段"5·8"高处坠落事故

2018 年 5 月 8 日 15 时 45 分，在黑龙江省国光建筑工程有限公司承建的龙凤湿地环境监测塔工程三标段玻璃幕墙施工现场，发生一起高处坠落事故，造成 1 人死亡。

（五）凌源兴钢建筑安装有限责任公司"3·14"高处坠落事故

2018 年 3 月 14 日 13 时 53 分左右，凌源兴钢建筑安装有限责任公司在凌源市富源矿业有限责任公司源泉粉磨分厂准备吊装作业时，发生一起高处坠落事故，造成 1 人摔伤，入院救治三天后，伤者病情恶化，抢救无效死亡，直接经济损失约 100 余万元。

（六）安徽省太和县大新镇李小洼安置区施工现场"2018·1·21"较大起重机械拆除事故

2018 年 1 月 21 日 15 时 32 分左右，位于太和县大新镇的太和县河

西李小洼安置区工程建设项目工地，在拆除施工升降机的过程中，发生一起高处坠落事故，造成 3 人死亡，直接经济损失 344 万元。

（七）江苏南通三建集团股份有限公司"1·8"高处坠落死亡事故

2018 年 1 月 8 日 9 时许，在宝钢股份有限公司厂区内，江苏南通三建集团股份有限公司在屋面进行作业过程中，发生一起高处坠落事故，造成 1 人死亡。

回顾以上高处坠落事故案例，赤裸裸的伤亡数据告诉我们，在进行高空作业时，必须做好各种防护措施，确保生命财产安全。

二、高处坠落事故的 10 种形式

（一）"四口、五临边"防护设施不齐全而坠落。

（二）脚手架搭设不规范、防护设施不全、脚手板材质或铺设不符合要求而坠落。

（三）拆除脚手架、塔吊、施工升降机、物料提升机时坠落。

（四）起重吊装时坠落。

（五）梯子上作业时坠落。

（六）轻质板断裂导致坠落。

（七）吊篮架、提升架、挂架坠落或失稳而坠落。

（八）倒塌脚手架、模板支探架、塔吊时坠落。

（九）提升机吊篮乘人断绳或施工升降机梯笼坠落而坠落。

（十）随楼板坍塌而坠落。

三、高处坠落事故的预防措施

（一）各施工企业应依法加强安全生产管理，增强从业人员安全意识，牢固树立以人为本的观念，认真学习、贯彻落实相关法律法规的要求，依法管理施工现场安全生产，增强职工安全生产的法律意识。

（二）企业要对新入场人员进行"三级安全教育"，根据施工现场和各种工序的不同特点，使教育培训工作既有针对性，又能保持经常性，教育操作人员自觉遵守安全技术操作规程，提高自我保护意识，做到"四不伤害"，杜绝"三违"。

（三）施工企业要加大对安全生产的投入，按国家标准设置安全设施，严禁使用明令淘汰的设备，另外高处作业的架子工及其他作业人员要按规定配带合格的防护用品，如戴好安全帽、系好安全带、穿好紧口的防护服，脚穿防滑鞋等。

（四）切实做好安全技术交底工作，每个分部分项和零星安排的作业，都必须向操作者讲清楚施工环境、操作过程、操作工艺、操作方法的具体要求和应用的安全防护设施，作业中应遵守的纪律和存在或潜在的危害及发生时应采取的应急避险措施。

（五）严格按照国家现行的有关规定要求，结合工程实际，有针对性地制订施工方案，并经常定期、不定期地对施工现场安全生产状况进行全面检查，按照"定人、定时、定措施"的原则落实安全生产责任制，确保安全生产。

第三节　物体打击事故

物体打击伤害，是建筑行业常见事故中"五大伤害"的其中一种，指由失控物体的惯性力造成的人身伤亡事故。

由于其事故特点，物体打击虽极少造成多人死亡的重大伤害事故，但其发生频率之高也足以引起我们的重视。

一、事故回顾

（一）2018 年 1 月 15 日 14 时 30 分

海南省直辖行政单位琼海市，海城·时代广场，发生物体打击事故，死亡 1 人。

（二）2018 年 1 月 23 日 21 时 15 分

贵州省贵阳市乌当区，温泉御景二期，发生物体打击事故，死亡

1 人。

（三）2018 年 3 月 12 日

江苏省苏州市相城区，苏州市相城区苏地 2011－B－71 号地块项目，发生物体打击事故，死亡 1 人。

（四）2018 年 3 月 25 日

江苏省无锡市新吴区，索尼电子（无锡）有限公司新型锂离子电池及电极生产项目工程，发生物体打击事故，死亡 1 人。

（五）2018 年 4 月 2 日

山东省济南市历城区，鲁信蟠龙山建设项目 B 地块二期工程，发生物体打击事故，死亡 1 人。

（六）2018 年 4 月 2 日

江苏省苏州市虎丘区，苏州市轨道交通 3 号线工程土建施工项目Ⅲ－TS－18标，发生物体打击事故，死亡 1 人。

（七）2018 年 4 月 3 日

江苏省南京市江宁区，NO.2016G62 地块房地产开发项目 1—18 号楼及地库工程，发生物体打击事故，死亡 1 人。

（八）2018 年 4 月 4 日

江苏省苏州市昆山市，昆山研智电子 1 号生产厂房，2 号生产厂房，发生物体打击事故，死亡 1 人。

（九）2018 年 4 月 5 日

重庆市南岸区，轨道交通环线弹子石、涂山站及区间隧道（包括弹子石立交 F、G、H 匝道）工程五里店站至弹子石站朝天门大桥南端区间正线结构，发生物体打击事故，死亡 1 人。

（十）2018 年 4 月 5 日

重庆市九龙坡区，重庆市轨道交通环线二期（上浩－重庆西）项目土建五标工程，发生物体打击事故，死亡 1 人。

（十一）2018 年 4 月 9 日

吉林省四平市铁西区，四平市东丰路地下管廊工程，发生物体打击事故，死亡 1 人。

（十二）2018 年 4 月 17 日

河北省沧州市运河区，宏宇·亚龙湾西区 BZ1 号、BZ2 号住宅工程，发生物体打击事故，死亡 1 人。

（十三）2018 年 4 月 18 日

新疆生产建设兵团第八师一四七团，一四七团汇合新材料园新疆天业集团 60 万吨/年乙二醇地基处理项目，发生物体打击事故，死亡 1 人。

（十四）2018 年 4 月 18 日

山西省朔州市怀仁县，怀仁县新河湾项目，发生物体打击事故，死亡 1 人。

（十五）2018 年 4 月 18 日

江苏省南京市六合区，金牛湖街道滨河路以北地块 1—16 号楼及地下室（共 16 幢）桩基、土建、水电安装工程，发生物体打击事故，死亡 1 人。

（十六）2018 年 5 月 10 日

浙江省丽水市云和县，云和县一般固废处理中心配套设施工程，发生物体打击事故，死亡 2 人。

（十七）2018 年 5 月 10 日

新疆生产建设兵团第六师，新疆 O2O 生态智慧城项目，发生物体打击事故，死亡 1 人。

（十八）2018 年 5 月 13 日

广东省深圳市龙岗区，宝龙街道同乐主力学校扩建工程，发生物体打击事故，死亡 1 人。

（十九）2018 年 5 月 15 日

浙江省绍兴市越城区，胜利东路 1 号地块 A 区块（二期），发生物体打击事故，死亡 1 人。

（二十）2018 年 5 月 16 日

宁夏回族自治区中卫市沙坡头区，中卫市高铁站站前广场道路项目一标段工程，发生物体打击事故，死亡 1 人。

（二十一）2018 年 5 月 18 日

辽宁省丹东市振安区，上城梦想 3—5、8—11、13—15、19、21 楼及地下室工程，发生物体打击事故，死亡 1 人。

（二十二）2018 年 5 月 28 日

陕西省西安市，浐灞生态区华远海蓝城六期，发生物体打击事故，死亡 1 人。

（二十三）2018 年 5 月 31 日

江苏省连云港市海州区，海州区镇恒润郁州府暨郁州广场（A17—19 号楼、幼儿园、1 号人防地下室）工程，发生物体打击事故，死亡 1 人。

（二十四）2018 年 6 月 1 日

宁夏回族自治区银川市贺兰县，贺兰县虹桥御景 11 号楼工程，发生物体打击事故，死亡 1 人。

（二十五）2018 年 6 月 12 日

江苏省无锡市滨湖区，无锡市中海太湖新城置业有限公司 XDG-2011-86 号地块开发建设项目 B 区 A 标工程，发生物体打击事故，死亡 2 人，重伤 1 人。

（二十六）2018 年 6 月 16 日

广东省湛江市，恒福美地花园，发生物体打击事故，死亡 1 人。

（二十七）2018 年 7 月 4 日

四川省攀枝花市西区，星瑞时代广场 C 地块，发生物体打击事故，死亡 1 人。

（二十八）2018 年 7 月 3 日

四川省自贡市富顺县帅旗，御景名都，发生物体打击事故，死亡 1 人。

（二十九）2018 年 7 月 3 日

安徽省宣城市，湖畔御苑 16 号、17 号及 D1 区地下室，发生物体打击事故，死亡 1 人。

（三十）2018 年 6 月 30 日

广东省梅州市梅县，梅县富力城 D 区 17 栋项目，发生物体打击事故，死亡 1 人。

（三十一）2018 年 6 月 30 日

湖南省长沙市长沙县，长沙地铁四号线一期二标段 14 工业区项目，发生物体打击事故，死亡 2 人。

（三十二）2018 年 7 月 9 日

黑龙江省哈尔滨市宾县，宾县盛鑫家园二期，发生物体打击事故，死亡 1 人。

（三十三）2018 年 7 月 8 日

广东省广州市荔湾区，广州市轨道交通八号线北延段工程（文化公园－白云湖）施工 2 标土建工程，发生物体打击事故，死亡 1 人。

（三十四）2018 年 7 月 18 日

江苏省徐州市泉山区，泉山区 2016—28 号地块建设项目地下室及人防车库工程，发生物体打击事故，死亡 1 人，重伤 1 人。

（三十五）2018 年 7 月 16 日

北京市朝阳区豆各庄 3、4 号地通惠灌渠东侧地块东城区旧城保护定向安置房项目 4—5 号楼，发生物体打击事故，死亡 1 人。

（三十六）2018 年 7 月 26 日

广西壮族自治区防城港市，永恒财富广场二期 C 区（泰城·幸福雅居）8 号楼，发生物体打击事故，死亡 2 人。

（三十七）2018 年 8 月 8 日

江苏省镇江市扬中市，扬中市梧桐墅项目，发生物体打击事故，死亡 1 人。

(三十八)2018 年 8 月 7 日

福建省漳州市龙文区,禹州·香溪里 1—3 号、5—12 号、A1—A3 号、A5—A11 号楼及地下室(不含桩基),发生物体打击事故,死亡 1 人。

(三十九)2018 年 8 月 11 日

河南省新乡市牧野区,新乡正商城和园 8 号、9 号、10 号、11 号、12 号楼及商业 4 号、5 号、6 号、15 号楼 3 号地下车库、幼儿园,发生物体打击事故,死亡 1 人。

(四十)2018 年 9 月 2 日

广东省惠州市大亚湾开发区,翡翠山城综合体峰汇(7—8 栋及地下车库),发生物体打击事故,死亡 1 人。

(四十一)2018 年 9 月 13 日

云南省昆明市官渡区,云漫岭小区,发生物体打击事故,死亡 1 人。

(四十二)2018 年 10 月 16 日

福建省南平市建阳区,建阳区西区生态城府前路隧道工程,发生物体打击事故,死亡 1 人。

(四十三)2018 年 10 月 13 日

福建省福州市福清市,福建星泰安物流园区(福清公路港项目)二期,发生物体打击事故,死亡 1 人。

(四十四)2018 年 10 月 22 日

辽宁省本溪市溪湖区,辽宁中医药大学园区管网配套工程,发生物体打击事故,死亡 1 人。

(四十五)2018 年 10 月 20 日

江苏省苏州市相城区,相城区苏地 2017-WG-27 号地块一期 14—50 号住宅、59 号门卫消控室、地下车库工程,发生物体打击事故,死亡 1 人。

(四十六)2018 年 10 月 20 日

湖北省恩施土家族苗族自治州宣恩县，宣恩县万和广场二期工程，发生物体打击事故，死亡 1 人。

(四十七)2018 年 11 月 5 日

云南省昆明市盘龙区，俊发名城 N9－a 地块，发生物体打击事故，死亡 1 人。

(四十八)2018 年 11 月 19 日

四川省广安市华蓥市，广安至华蓥输水管线工程二标段，发生物体打击事故，死亡 1 人。

(四十九)2018 年 11 月 20 日

河南省开封市通许县，通许县建业·壹号城邦，发生物体打击事故，死亡 1 人。

二、物体打击事故的防范措施

(一)交叉作业时，下层作业位置应处于上层作业的坠落半径之外，在坠落半径内时，必须设置安全防护棚或其他隔离措施。

(二)下列部位自建筑物施工至二层起，其上部应设置安全防护棚：

1. 人员进出的通道口(包括物料提升机、施工升降机的进出通道口)。

2. 上方施工可能坠落物件的影响范围内的通行道路和集中加工场地。

3. 起重机的起重臂回转范围之内的通道。

(三)安全防护棚宜采用型钢和钢板搭设或采用双层木质板搭设，并应能承受高空坠物的冲击。防护棚的覆盖范围应大于上方施工可能坠落物件的影响范围。

(四)短边边长或直径小于或等于 500mm 的洞口，应采取封堵措施。

(五)进入施工现场的人员必须正确佩戴安全帽，安全帽质量应符合现行国家标准 GB2811—2007 的规定。

（六）高处作业现场所有可能坠落的物件均应预先撤除或固定。所存物料应堆放平稳，随身作业工具应装入工具袋。作业中的走道、通道板和登高用具，应清扫干净。作业人员传递物件应明示接稳信号，用力适当，不得抛掷。

（七）临边防护栏杆下部挡脚板下边距离底面的空隙不应大于10mm。操作平台或脚手架作业层当采用冲压钢脚手板时，板面冲孔内切圆直径应小于25mm。

（八）悬挑式脚手架、附着升降脚手架底层应采取可靠封闭措施。

（九）人工挖孔桩孔口第一节护壁井圈顶面应高出地面不小于200mm，孔口四周不得堆积弃渣、无关机具和其他杂物。挖孔作业人员的上方应设置护盖，吊弃渣斗不得装满，出渣时孔内作业人员应位于护盖下。吊运块状岩石前，孔内作业人员应出孔。

（十）临近边坡的作业面、通行道路，当上方边坡的地质条件较差，或采用爆破方法施工边坡土石方时，应在边坡上设置阻拦网、插打锚杆或覆盖钢丝网进行防护。

（十一）拆除或拆卸作业应符合下列规定：

1. 拆除或拆卸作业下方不得有其他人员。

2. 不得上下同时拆除。

3. 物件拆除后，临时堆放处离堆放结构边沿不应小于1m，堆放高度不得超过1m，楼层边口、通道口、脚手架边缘等处，不得堆放任何拆下物件。

4. 拆除或拆卸作业应设置警戒区域，并应由专人负责监护警戒。

5. 拆除工程中，拆卸下的物件及余料和废料均应及时清理运走，构配件应向下传递或用绳递下，不得任意乱置或向下丢弃，散碎材料应采用溜槽顺槽溜下。

（十二）施工现场人员不应在起重机覆盖范围内和有可能坠物的地方逗留、休息。

第四节　机械伤害事故

机械伤害，主要指机械设备运动(静止)部件、工具、加工件直接与人体接触引起的夹击、碰撞、剪切、卷入、绞、碾、割、刺等形式的伤害。各类转动机械的外露传动部分(如齿轮、轴、履带等)和往复运动部分都有可能对人体造成机械伤害。

随着建筑工程施工机械化水平的提高及建筑工业化的发展，建筑机械成了提高劳动生产率、保证工程质量和降低工程成本的主要施工手段。但基于人的不安全行为、机械设备的不安全状况、安装使用操作的不安全技术、运行环境的不安全特性等诸多方面的原因，机械伤害事故也逐年增加。

下面，我们一起回顾一下 2018 年建筑施工行业发生的几起机械伤害典型事故。

一、事故回顾

(一)江苏省溧阳市水利市政建筑有限公司"3·30"机械伤害亡人事故

2018 年 3 月 30 日 19 时 10 分左右，由溧阳市水利市政建筑有限公司专业分包的常合高速公路茅山互通至金坛滨湖新城连接线搅拌桩工程，在施工过程中发生了一起机械伤害事故，造成 1 人死亡，直接经济损失 115 万余元。

(二)冶金工业部华东勘察基础工程总公司"4·13"机械伤害亡人事故

2018 年 4 月 13 日 17 时 40 分左右，在湖南路 04、05 地块绿地项目 B 地块内，钻机就位准备开孔时，在安装钻孔桩机主钻杆时，主钻杆水龙头脱落砸伤一名工人，伤者经送东南大学附属中大医院抢救无效死亡。

（三）广西壮族自治区柳州市发生一起机械伤害事故

2018年7月27日，柳州市广西三建汇景天城1号—8号楼及地下室工程发生一起机械伤害事故，造成1人死亡。

（四）广西壮族自治区崇左市发生一起机械伤害事故

2018年10月10日，崇左市龙赞产业园工业区纬西十一路道路一期工程在施工过程中发生一起机械伤害事故，造成1人死亡。

（五）广西壮族自治区南宁市发生一起机械伤害事故

2018年10月15日，南宁市轨道交通工程4号线一期工程施工总承包01标土建3工区在施工过程中发生一起机械伤害事故，造成1人死亡。

二、建筑机械伤害事故产生的原因

（一）机械设备超负荷运作或"带病"工作。

（二）传动带、砂轮、电锯以及接近地面的联轴节、皮带轮和飞轮等，未设安全防护装置。

（三）机械工作时，将头手伸入机械行程范围内。

（四）平刨无护手安全装置，电锯无防护挡板，手持电动工具无断电保安器。

（五）起重设备未设置卷扬限制器、起重量控制、联锁开关等安全装置。

三、预防机械伤害事故的措施

（一）严格实行安全生产责任制

贯彻实行"安全第一，预防为主"的方针，公司的一把手应管安全，要设置专门的安全管理机构，应明确机械中各级负责人的责任。

（二）设备购置环节严格把关

目前我国建筑机械制造业已实施生产许可证制度，在选购设备时应选购那些有生产许可证、质量好、安全性能高的优质机械设备，把安全隐患消灭在源头。不购买无生产许可证、无产品合格证、无使用说明书的"三无"设备，不购买已经淘汰的产品。

（三）加强对设备的安全管理和维护

建立健全设备安全管理的规章制度，制定各种设备的安全操作规程，使设备管理、安全生产形成制度化、标准化、规范化。加强设备的维护保养，确保设备安全运转。对大型设备除了日常检查外，还要定期检查和定期检测，确保其安全性和完好性，禁止"带病"工作，不准超期服役。同时，把对设备的安全管理与工资、奖金挂钩，实行经济制约。

（四）开展安全技术培训

机械操作人员必须了解机械设备的结构特点及工作原理，严格按规程操作，每一台机器旁要设有单独的操作规程。操作工实行先培训后上岗，不培训不上岗，特殊工种须持证上岗。建筑公司要经常对操作人员开展各种形式的安全教育与培训，例如：借助"多媒体安全培训工具箱""VR 安全培训体验馆"等新的安全培训手段，有效提高人员安全意识，提升作业人员安全素质与技能。

（五）加强安全检查，消除安全隐患

安全检查要经常化、制度化，及时发现安全隐患，及时整改。确保各类安全防护装置齐全有效、灵敏可靠。尤其是大型设备的防护装置更要重点关注，如塔式起重机的高度、力矩、重量限制器等。对机械的运动部件如旋转件等必须设置防护网，无法用罩网防护的部位应设置警示标志，防止人体触及。除施工电梯外，其余提升或起重设备严禁载人。

第五节　触电事故

触电造成的伤亡事故是建筑施工现场的多发事故之一，因此凡进入施工现场的人员必须高度重视安全用电工作，临时用电时一定要做好防护措施，警惕和预防触电、电弧烧伤等安全事故，避免触电事故造成人员伤亡。

一、事故回顾

（一）江苏省滁州市"3·27"触电事故，1人死亡

2018年3月27日12时50分左右，江苏国泰消防工程技术有限公司滁州琅琊分公司的三名消防工程施工人员在苏滁现代产业园三期标准化厂房15号综合楼配电房内施放备用的消防风机动力电缆时，发生一起触电事故，造成1名工人死亡，直接经济损失140余万元。

（二）珠江投资天津项目触电事故，3死1伤

2018年6月29日7时30分，天津市宝坻区御景家园二、三期项目打桩作业工程队的四名施工人员在采用钢筋笼进行总配电箱防护作业过程中发生触电，造成3名施工人员死亡、1人受伤，直接经济损失（不含事故罚款）约为355万元。

（三）山东省济南市商河县春风颐园一期工程"6·28"触电事故，1人死亡

2018年6月28日，济南市商河县春风颐园一期工程发生一起触电事故，造成1人死亡。

（四）巢湖万达广场突发触电事故，1人死亡

2018年9月5日18时许，中国建筑一局（集团）有限公司在巢湖市万达广场项目发生一起触电事故，造成1人死亡。

（五）甘肃省兰州市新区发生一起触电事故，2人死亡

2018年11月29日10点50分，在新区陈家井村，兰州鑫众合彩钢结构活动房有限公司施工人员用钢结构搭建蔬菜暖棚过程中，移动活动脚手架时触碰上方高压线，造成2名施工人员死亡。

二、建筑施工触电事故产生的主要原因

（一）施工人员触碰电线或电缆线。

（二）建筑机械设备漏电。

（三）高压防护不当而造成触电。

（四）违章在高压线下施工或在高压线下施工时不遵守操作规程，使金属构件物接触高压线路而造成触电。建筑施工中由于计划措施不周密，安全管理不到位，造成意外触电伤害事故，例如起重机械作业时触碰高压电线，挖掘机作业时损坏地下电缆，移动机具拉断电线、电缆，人员作业时碰破电闸箱，控制箱漏电或误触碰触电等。

（五）施工供电线路架设不符合安装规程，经常可能使人碰到导线或由跨步电压造成触电。

（六）在维护检修时，不严格遵守电工操作规程，带电作业，或麻痹大意，造成事故。

（七）由于电气设备损坏或不符合规格，未定期检修，以至绝缘老化、破损而漏电，酿成事故。机械设备和电动设施维修保养不善，安全管理检查措施不力，未及时发现并治理电线、电缆由于破口、断头或者绝缘失效等隐患，造成的漏电触电事故。

（八）其他原因，如在电线上晒衣服或大风把电线吹断形成跨步电压等。

三、预防触电事故的措施

（一）管理措施

1. 开展安全技术教育、培训。经常性开展安全、技术教育、培训活动，增强作业人员的安全意识，提高作业人员安全技能，使各岗位工人熟知自己的岗位操作规程。电工、电焊工等特种作业人员必须持证上岗。

2. 建立、健全施工现场临时用电及安全隐患排查治理制度，按规定对现场的各种线路和设施进行定期检查和不定期抽查，并将检查、抽查记录存档，发现问题，及时督促整改。

（二）技术措施

1. 电气作业人员应正确穿戴绝缘胶鞋、绝缘手套等劳保用品；必须使用电工专用绝缘工具。

2. 施工现场临时用电的架设和使用必须符合规范要求。

3. 施工机具、车辆及人员，应与线路保持安全距离。达不到规定的最小距离时，必须采用可靠的防护措施。

4. 配电系统必须实行分级配电。现场内所有电闸箱的内部设置必须符合有关规定，箱内电器必须可靠、完好，其选型、定值要符合有关规定，开关电器应标明用途。并按规定设置围栏和防护棚。

5. 应保持配电线路及配电箱和开关箱内电缆、导线对地绝缘良好，不得有破损、硬伤、带电线裸露、电线受挤压、腐蚀、漏电等隐患，以防突然出事。

6. 独立的配电系统必须采用三相五线制的接零保护系统，非独立系统可根据现场的实际情况采取相应的接零或接地保护方式。各种电气设备和电力施工机械的金属外壳、金属支架和底座必须按规定采取可靠的接零或接地保护。

7. 在采取接地和接零保护方式的同时，必须设两级漏电保护装置，实行分级保护，形成完整的保护系统。漏电保护装置的选择应符合规定。

8. 开关箱应由分配电箱配电。注意每台设备应由各自开关箱控制，严禁一个开关控制两台以上的用电设备(含插座)，以保证安全。

9. 各种高大设施必须按规定装设避雷装置。

10. 分配电箱与开关箱的距离不得超过 30 米；开关箱与它所控制的电气设备相距不得超过 3 米。

11. 电动工具的使用应符合国家标准的有关规定。工具的电源线、插头和插座应完好，电源线不得任意接长和调换，工具的外绝缘应完好无损，维修和保管有专人负责。

12. 施工现场在容易触电的地方采用安全电压。

13. 施工现场电气设备进行可靠接地。

附录6 建设工程安全生产应急管理常识

第一节 建筑工人的权利

一、有权获得安全生产所需的防护用品，如安全帽，安全带，从事带电作业的绝缘鞋、绝缘手套，从事焊接作业的护目镜、防护面罩，从事有尘、有毒、噪声等作业的防尘、防毒口罩、防噪声耳塞等。

二、有权了解其施工作业场所和工作岗位存在的危险因素、防范措施及事故应急措施，有权对施工现场的安全生产工作提出建议。

三、有权对施工现场安全生产工作中存在的问题向现场负责人提出批评、检举、控告，或越级反映。

四、有权拒绝现场管理人员的违章指挥和强令冒险作业。

五、发现直接危及人身安全的紧急情况时，有权停止作业或者在采取可能的应急措施后撤离作业场所。

第二节 建筑工人的义务

一、在作业过程中，应当严格遵守本单位及总包单位的安全生产规章制度和操作规程，服从管理，正确佩戴和使用劳动防护用品。

二、应当接受安全生产教育和培训，掌握本职工作所需的安全生产知识，提高安全生产技能，增强事故预防和应急处理能力。

三、发现事故隐患或者其他不安全因素，应当立即向现场安全生产管理人员或者施工现场负责人报告；接到报告的人员应当及时予以处理。

第三节　施工现场必须遵守的安全基本要则

一、进入施工现场作业之前，必须先参加安全教育培训，经考核合格方可上岗作业，未经培训或考核不合格者，不得上岗作业。

二、从事特种作业，如电工作业、起重作业、金属焊接（气割）作业等，必须经过专门培训、考试合格并获得《特种作业操作证》，否则，可能被现场安全管理人员处罚；还必须接受身体检查，要无妨碍本工种的疾病，要具有相适应的文化程度。

三、不满 18 周岁，不得进入施工现场从事一线生产作业，超过 45 周岁，建议不进入高危作业的施工现场。

四、必须服从项目管理人员的指挥，工作时思想集中，坚守作业岗位。

五、必须熟知所从事工种的安全操作规程和施工现场的安全生产制度，不违章作业，有权拒绝违章指令，并有责任制止他人违章作业。

六、如果是班长，每日上班前，必须召集所辖班组全体人员，针对当天任务，结合安全技术措施内容和作业环境、设施、设备安全状况及班组人员技术素质、安全知识、自我保护意识以及思想状态，有针对性地进行班前活动，提出具体注意事项，跟踪落实，并做好活动记录。

七、如果是班长，必须每日上班前对作业环境、设施、设备进行认真检查，发现安全隐患，立即解决；对重大隐患，报告项目负责人解决，严禁冒险作业。作业过程中应巡视检查，随时纠正违章行为，解决新的安全隐患；下班前进行确认检查，配电箱拉闸、断电，箱门上锁，用火熄灭，施工垃圾自产自清，日产日清，活儿完料净场地清，确认无误，方可离开现场。

八、进入施工现场必须正确佩戴安全帽；按照作业要求正确穿戴个人防护用品，着装整齐；在没有可靠安全防护设施的高处（2米及以上）施工时，必须系好安全带；高处作业不得穿硬底和带钉易滑的鞋，不得向下投掷物料，严禁穿拖鞋、高跟鞋进入施工现场。否则，将会被现场安全管理人员处罚。

九、施工现场行走要注意安全，不要图简便在没有照明或照明不够的区域走动，应养成良好的走路习惯，要集中注意力，不要嬉闹。不得攀登脚手架、井字架、龙门架、外用电梯，禁止乘坐货运设备。否则，将会被现场安全管理人员处罚。

十、施工现场的各种安全设施、设备和警告、安全标志等未经同意不得任意拆除和随意挪动。否则，将会被现场安全管理人员处罚。

十一、上班作业前，应认真察看洞口、临边安全防护和脚手架护身栏、挡脚板、立网是否齐全、牢固；脚手板是否按要求间距放正、绑牢，有无探头板和空隙。

十二、六级以上强风和大雨、大雪、大雾天气，应停止露天高处和起重吊装作业。

十三、作业中出现险情时，必须立即停止作业，组织撤离危险区域，报告项目现场负责人解决，不准冒险作业。

十四、脚手架未经验收合格前严禁上架子作业。

十五、在沟、槽、坑内作业必须经常检查沟、槽、坑壁的稳定状况，上下沟、槽、坑必须走坡道或梯子。

十六、在禁火区域内进行焊割等动火作业时，应申请办理动火证，并派专人看火；禁火区域内禁止吸烟。否则，将会被现场安全管理人员处罚。

十七、酒后严禁到施工现场。

十八、当施工现场发生伤亡事故时，必须立即报告项目现场负责人，参与抢救伤员，并保护现场。

第四节 防护用品使用安全须知

一、进入施工现场必须佩戴合格的安全帽，系好下颌带。否则，将会被现场安全管理人员处罚。

二、如果在超过 2 米的高处作业，必须系好安全带；安全带必须先挂牢再作业。安全带应高挂低用，不准将绳打结使用，也不准将挂钩直接挂在安全绳上使用，应挂在连接环上使用。

三、从事带电作业的劳动者，必须穿戴绝缘用品，防止发生触电事故。

四、从事电焊作业的电焊工，必须戴电焊手套，使用防护面罩；从事气焊作业的气焊工，必须戴气焊手套，使用护目镜。

五、从事有尘、有毒、噪声等有害作业的劳动者，需要佩戴防尘、防毒口罩和防噪声耳塞等防护用品。

六、操作旋转机械设备的劳动者，应穿"三紧"（袖口紧、下摆紧、裤脚紧）工作服，不准戴手套、围巾；女工，发辫要盘在工作帽内，不得露出帽外。

第五节 施工用电安全常识

一、1 千伏以下架空电线的最小安全操作距离应大于 4 米；外电线路与机动车道交叉时垂直距离应不低于 6 米。

二、隧道、地下室工程必须使用 36 伏以下的安全电压。

三、潮湿和易触电场所使用 24 伏安全电压；在特别潮湿和金属容器内工作，照明电源电压不得大于 12 伏。

四、安全电压分为 6 伏、12 伏、24 伏、36 伏、42 伏五个等级。

五、照明灯具室外低于 3 米，室内低于 2.4 米时，必须使用 36 伏安全电压。

六、机具要配置专用开关箱，严格按"一机一闸一漏一箱"配备。

七、手持电动工具必须设置末端开关箱，电源线不得长于 3 米，严禁使用插座板或接长电源线。

八、现场开关箱安装高度固定式的下底与地面垂直距离为 1.3～1.5 米；移动式的为 0.6～1.5 米。

九、配电箱、开关箱中的导线进出线口必须设在箱体下面，严禁设置在箱体的上顶面、侧面、后面或箱门处。

十、严禁电源线与金属构件接触，禁止机具电源线缠绕、支挂在现场钢筋上。

十一、不准在电线上搭晒衣服或拴拉麻绳、拴蚊帐。

十二、软轴振动器、平板振动器电缆线不得在钢筋上拖来拖去，以防破损漏电。

十三、电工在停电维修时，必须在闸刀处挂上"正在检修、不得合闸"警示牌。

十四、机具需要维修时必须切断电源。

十五、保护零线应使用绿黄双色线，并与工作零线分开设置。

第六节　高处作业安全常识

一、在高度 2 米以上(含 2 米)进行作业，称为高处作业。

二、高处作业分级：一级 2～5 米，二级 5～15 米，三级 15～30 米，特级 30 米以上。

三、有心脏病、高血压、贫血、癫痫病及听力、视力不佳等病症，不准从事高处作业。

四、上、下楼时必须走专用通道、马道，不准攀爬架子及临时设施。

五、登高梯子必须坚实，梯脚要有防滑措施。

六、高处作业的脚手架其跨度不得大于 2 米，每跨内不准超过两人操作(荷载不超过150千克)。

七、操作脚手板宽度不得少于30厘米,两头必须绑扎固定,不得存在探头板。

八、操作者上下架子不准钻窗子爬架子,应从搭设的固定通道上下。

九、高处作业中使用的物料应堆放平稳,不妨碍通行和装卸。登高作业工具应随手放入工具袋内,防止坠落伤人。

十、禁止拆卸外架封闭立网,如需传递材料,开口后应及时挂好。

十一、3米以上高处支拆模板时要搭设牢固操作台,边缘要设护栏;3米以下可用马凳。

十二、不要站在梁墙上操作,在建筑物边缘作业要系好安全带。

十三、拆下的模板要及时归垛、堆放整齐,防止绊人造成事故。

十四、拆模时不准留有悬挂板、枋等物料。

十五、楼内清除废料、不准从门窗口直接往下抛扔。

十六、遇有六级以上大风、浓雾、暴雨等恶劣天气时,不得进行露天攀登与悬空高处作业。

十七、发现高处作业安全设施存在缺陷和隐患,必须停止作业。

十八、施工作业场所有坠落可能的物件,应一律先行撤除或加以固定。

十九、高处作业的走道、通道,应随时清扫干净。

二十、严禁在墙顶站立画线、刮缝、清扫墙柱面及检查大角垂直等工作。

二十一、拆卸下物件以及涂料和废料均应及时清理运走,不得任意乱置或向下丢弃。传递物件时禁止抛掷。

二十二、施工人员必须从搭有防护棚的专用进出通道行走。

二十三、作业需要、临时拆除或变动安全防护设施时,必须经施工负责人同意,作业后应立即恢复。

二十四、预留洞口必须设置牢固的盖板、防护栏杆、安全网或其他防坠落的防护措施。

二十五、电梯井口必须设置有效防护栏杆或固定栅门，严禁拆除或攀越。

二十六、踏步或上人爬梯必须设置不小于1米高度的防护栏杆。

二十七、悬空作业应有牢靠的立足处，并必须视具体情况配置防护栏网、栏杆或其他安全设施。

二十八、绑扎圈梁、挑梁、挑檐、外墙和边柱等钢筋时，应搭设操作台架和张挂安全网。

二十九、绑扎钢筋和安装钢筋骨架时，必须搭设脚手架和马道。

三十、悬空大梁钢筋的绑扎，必须在满铺脚手架的支架或操作平台上操作。

三十一、浇筑离地2米以上的框架、过梁、雨篷和阳台时，不得直接站在模板和支撑件上操作。

三十二、特殊情况下无可靠的安全措施，必须系好安全带或架设安全网。

三十三、悬空进行门窗作业，严禁站在樘子、阳台栏板上操作。

三十四、门窗临时固定未达到强度要求时，严禁用手拉门窗进行攀登。

三十五、在高处外墙安装门窗，无外脚手架时，应系好安全带。

三十六、脚手架上严禁堆放杂物，施工物料不准超过 270kg/m²。

三十七、拆除脚手架要严格按顺序进行，要先上后下，先搭后拆。严禁上下同时进行拆除作业。

三十八、在悬挑操作平台上操作，必须满铺脚手架并设置外侧防护栏杆。

三十九、悬挑梁平台上人员和物料重量严禁超过设计的容许荷载。

四十、支模、粉刷、砌墙等各工种进行上下立体交叉作业时不得在同一垂直方向上操作。

第七节　机械安全常识

一、塔机、物料提升机、施工电梯、桩机、整体提升脚手架等起重机械设备应经验收，合格后方能投入使用。

二、人货电梯应有限载重量和乘载人数的提示标志，并严格遵守。

三、无特种作业操作证人员，不准操作机械电器设备。

四、井架提升机严禁乘人。

五、运载提升机要停置平稳后方可开启安全门，进出要随手开关好安全门，做到门不关，机不走。

六、严禁提升机未到停层位置或未停稳就开启上料平台的安全门；严禁在上料平台上向安全门外探头张望；严禁在平台上向下抛扔物件。

七、起重吊运指挥信号分为手势、旗语和音响信号（包括对讲机）。

八、起重吊装物体禁止从人的头顶越过，吊装臂下严禁站人。

九、各类机具的传动部位都必须有防护装置，平刨应有护手安全装置；木工断料机（圆盘锯）要有挡板装置；砂轮机严禁正面操作。

十、各种机械设备都必须设置安全操作规程，并严格按操作规程操作。

十一、手持电动工具不得随意接长电源线或更改插头。

十二、钢筋冷拉作业区必须设置防护挡板隔离，并设警示标志，严禁非工作人员停留。

十三、机械操作工的"十字"作业是：清洁、润滑、调整、紧固、防腐。

十四、施工现场机械操作人员要"四懂三会"：懂原理、懂性能、懂构造、懂用途；会操作、会维修保养、会排除故障。

十五、操作旋转机械设备的人员应穿"三紧"（袖口紧、下摆紧、裤脚紧）工作服；不准戴手套、围巾。

十六、女工的发辫要盘在工作帽内，不准露出帽外。

十七、焊接、穿凿等作业人员必须按规定戴好防护眼镜。

十八、水泥砂浆机拌料，严禁踩踏在砂浆机搁栅上进料。

十九、发现手持电动工具外壳、手柄破裂，应停止使用，进行更换。

二十、砼搅拌机运转中不准用工具伸入拌桶内扒料。

二十一、机械挖掘土方，人员不得在机械回转半径内作业。

二十二、施工现场机械设备严禁使用倒顺开关。

第八节　消防安全常识

一、施工现场动火作业必须办理动火许可证。

二、电气装置附近禁止存放易燃、易爆物品，并配备消防器材。

三、电气火患，严禁使用泡沫灭火器。

四、氧气瓶和乙炔瓶工作距离不少于 5 米，与明火作业距离不少于 10 米。

五、进行焊割时要事先清理现场周围可燃物体；在外架上焊割要采取屏隔措施。

六、仓库、易燃易爆生产场地、木工房等处需配置灭火装置；吸烟须到指定场所。

七、灭火器的挂放位置要醒目，方便取用。

八、工地禁用的"三炉"是指：电炉、煤油炉、液化气炉。

九、氧气瓶不能露天暴晒，不能倒置平放，氧气瓶用红色胶管，乙炔瓶用黑色胶管。

十、照明灯泡禁用纸或布遮盖，以免温度升高引起火灾；禁止躺在床上吸烟。

第九节　应急救护救援知识

一、施工现场应指定应急救护预案，建立应急救援组织。

二、应急救护预案应张贴在施工现场显著位置予以公示，施工作业人员应了解应急救护预案的内容。

三、触电急救措施要"迅速、就地、准确、坚持"，触电时迅速切断电源，拉下电闸或用干木料等不导电材料将触电人与触电源分开，就地准确地施行人工急救，抢救要坚持有一分希望十分努力。

四、对触电人员实施胸外心脏挤压法，每分钟挤压 80～100 次。

五、高处触电抢救要防止再发生高处坠落事故。

六、要饮用现场专用容器内的水，随便饮用施工用水有害健康。

七、要避开太阳暴晒，延长午间休息，夏天多喝凉水以防中暑。

八、发现头晕、胸闷、恶心等身体不适，应及时就诊，并注意休息，仁丹、藿香正气水可作为祛暑良药。

九、中暑、发痧、突然晕倒、昏迷，要马上进行急救，可让病人平躺在阴凉通风处，松解衣扣，喂以凉茶、盐开水或祛暑良药，重者应立即送医院治疗。

十、发现饮食后有呕吐、腹泻等身体异常，要立即向现场负责人报告，以便及时抢救。

十一、现场一旦发生安全事故，一要及时报告，二要组织抢救，切勿惊慌失措。

十二、现场抢救，要迅速查明原因，排除险情，以免重复事故发生。

十三、坑井下事故施救，必须先向下送风，救助人员必须采取个人防护措施，不具备条件的，应及时拨打 119、110 或 120 电话求救。

十四、铁钉扎脚应就地取一木板片拍打患处，使伤口污染血液外流后，取数根火柴药信敷集患口处，划燃火柴，使之消毒止血，并及时上医务处再作消毒包扎。严重的 24 小时内到就近医院打破伤风针剂。

十五、伴有骨折的四肢动脉外伤出血者（短时间内大量出血，50 公斤体重失血到 1500 毫升可危及生命），要及时使用止血带。上止血带不能与皮肤直接接触（内衣除外），必须缚于伤口的上方，一般每 40 分钟松解一次，间隔一二分钟再移高一点位置扎紧。上止血带时间一般不超过 2～3 小时。

十六、现场有火灾发生，不要惊慌，要立即根据火源性质取出灭火器扑救。

十七、高处坠落摔伤时，应注意摔伤及骨折部位的保护，避免不正确抬运，使骨折错位造成二次伤害。

十八、判断心搏骤停症状：

（一）意识消失。

（二）摸不到大动脉。

（三）呼吸停止。

（四）瞳孔放大。

（五）全身抽搐。

（六）皮肤苍白发绀。

（七）心音消失。

（八）大小便失禁。

十九、心脏骤停采用人工呼吸：

（一）放好身体、畅通气道（挖取异物）、仰头抬颏（下颏）。

（二）口对口每次吹气 1～1.5 秒后恢复，每分钟 12～20 次，深吸后吹；牙关紧闭时用口对鼻吹气；若不成功，施用腹部压按法，在肚脐上正中双掌叠按 6～10 次，以解除气道阻塞。

二十、胸外心脏按压（心搏骤停 1 分钟内）：按压部位：于胸骨上 2/3 与下 1/3 的交界处；人在患者外侧，双肩在患者胸骨正上方，手臂与手呈直角，下按幅度 4～6 厘米，每分钟 80～120 次。

二十一、为防止敲击火花引起爆炸，带煤气作业时，应当使用铜质工具。

二十二、锅炉压力容器缺陷中最危险的是裂纹。

二十三、锅炉发生严重缺水事故时，应采取的措施是紧急停炉。

二十四、大型坍塌事故现场，在周围道路上要禁止所有非救助车辆行驶，这有助于避免因震动引发现场的二次坍塌。

二十五、施工现场拆除作业中，要严格按照从外到内，从上到下的顺序逐层拆除。

二十六、社会应急救援机构电话号码：消防救援电话 119；公安巡警电话 110；医疗急救电话 120；交通事故电话 122。

参 考 文 献

［1］中华人民共和国安全生产法［M］.北京：法律出版社，2014.

［2］中华人民共和国建筑法［M］.北京：中国环境科学出版社，2011.

［3］中华人民共和国国务院.中华人民共和国国务院令第393号［EB/OL］.http：//www.gov.cn/gongbao/content/2004/content _ 63050.htm，2003－11－24.

［4］中华人民共和国住房和城乡建设部.危险性较大的分部分项工程安全管理规定［EB/OL］.http：//www.mohurd.gov.cn/fgjs/jsbgz/201803/t20180320 _ 235437.html，2018－06－01.

［5］中华人民共和国国务院.建设工程安全生产管理条例［M］.北京：中国建筑工业出版社，2003：1－60.

［6］中华人民共和国建设部.建筑起重机械安全监督管理规定［EB/OL］.https：//cread.jd.com/read/startRead.action？bookId＝30005184＆readType＝3，2008－06－01.

［7］中华人民共和国住房和城乡建设部.建筑业企业资质管理规定［EB/OL］.http：//www.mohurd.gov.cn/fgjs/jsbgz/201502/t20150206 _ 220284.html，2015－03－01.

［8］中华人民共和国住房和城乡建设部.建筑施工特种作业人员管理规定［EB/OL］.http：//www.mohurd.gov.cn/wjfb/200805/t20080506 _

167480. html，2008－04－18.

[9] 国家安全生产应急救援指挥中心．建筑施工安全生产应急管理[M]．北京：煤炭工业出版社，2017.

[10] 叶军献．建筑安全管理[M]．上海：上海科学技术文献出版社，2014.

[11] 何光．施工安全风险管理技术[M]．北京：人民交通出版社，2016.

[12] 胡汉舟，季跃华，潘东发．桥梁施工安全质量风险防控指南[M]．北京：中国铁道出版社，2014.

[13] 中国建筑业协会．工程建设施工企业质量管理规范实施指南[M]．北京：中国建筑工业出版社，2008.

[14] 中华人民共和国刑法[M]．北京：中国法制出版社，2017.

[15] 中国劳动社会保障出版社法制图书编辑部．中华人民共和国劳动法[M]．北京：中国劳动社会保障出版社，2019.

后　记

　　我从事安全生产监管和应急管理工作时间不算很长，但经历了不同岗位和业务，工作核心始终是围绕安全生产开展的。因为在日常工作中，对建设工程安全生产管理方面的知识有一定的学习和积累，所以在领导、同行、同事、朋友的鼓励和支持下，我把平时积累的一些素材进行了整理，才有了这本《建设工程安全生产管理辅导读本》，希望能对建设工程领域的"安全人"有所帮助。

　　本书在编写过程中得到了湖北省直相关单位、在鄂中央企业负责安全生产管理的有关领导和同行的大力指导与帮助，尤其是湖北宏程职业培训学校、湖北众得启程教育科技有限公司的领导和专家，他们结合自身多年的一线实践教育经验，提供了很好的案例素材和指导建议，在本书编辑等方面提出了许多宝贵意见，在此表达诚挚的感谢。